JN010699

SPSSによる
ベイズ統計の手順

石村光資郎・石村貞夫 著

東京図書

まえがき

まえがき

　ベイズ統計のポイントは,

　　　　1.　事前の情報の有無

　　　　2.　事前分布の設定

の2つです.

この本の多くのデータは
「SPSS による統計処理の手順」
「入門はじめての統計解析」
「入門はじめての多変量解析」
と同じです

　ベイズ統計といえば,　どの本にも,

　　「次の赤ちゃんは,　女の子?　男の子?」

といった例が載っています.

　このとき,　事前の情報が無い とは,

　　「初めての赤ちゃんは,　女の子?　男の子?」

といった場合です.

　事前の情報が有る とは,　例えば,

　　「一人目は女の子,　二人目も女の子!　三人目は男の子?　女の子?」

といった場合です.

　ベイズの統計のイメージとしては,

　　事前の情報 と 研究データ から,　事後の情報 を得る

または,

　　研究データによって,　事前確率 が 事後確率 に変化する

といった感じになります.

　初めてベイズ統計をおこなうとき,　この事前情報,　事前確率に戸惑うかもしれません.

でも，この事前情報，事前確率の取り扱いに慣れてくれば，

　　"これは，面白そうな統計手法だぞ?!"

と，気づかれることと思います．

通常の統計処理と
ベイズ統計の出力結果を
比べてみてください

この本では，SPSS のベイズ統計を使って，

　　1. パラメータの 95% 信用区間

　　2. 2 つのモデルの比較のためのベイズ因子

の統計処理をおこないます．

ところで，SPSS のベイズ統計をおこなってみると，次のことがわかります．

　◎事前確率分布の決め方によって，事後分布の結果が大きく変わります．

　◎事前の情報を利用しない場合，ベイズ統計の出力結果は，通常の統計処理と
　　同じような数値になります．

　◎データ数を多くすると，検定統計量の有意確率は小さくなりますが，
　　ベイズ因子の値も影響を受けます．

　謝辞　ベイズ統計の執筆を勧めてくれた東京図書元編集部の宇佐美敦子さん，
企画・出版を粘り強く進めてくれた現編集部の河原典子さん，
いろいろな情報を提供してくれた鳥類学者の Desmond ALLEN 先生，
「パン屋　きしゃぽっぽ」の社長 Jason SHIGEMURA さん，
いつも励ましてくれた美咲，舜亮，美絢に深く感謝いたします．

　2022 年 12 月 29 日　伊予の国宇摩郡上分村より　著者

◆本書で使われているデータは，東京図書のホームページ http://www.tokyo-tosho.co.jp より
ダウンロードすることができます.

▪ 本書では IBM SPSS Statistics 29 を使用しています.
SPSS 製品に関する問い合わせ先：
〒 103-8510　東京都中央区日本橋箱崎町 19-21
日本アイ・ビー・エム株式会社 クラウド事業部 SPSS 営業部
Tel：03(5643)5500　Fax：03(3662)7461
https://www.ibm.com/jp-ja/spss

もくじ

目　次

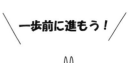

装　　幀　今垣知沙子
イラスト　石村多賀子

SPSS によるベイズ統計の手順

もう一歩
前に進もう！

第 *1* 章　ベイズ統計の基礎知識

1.1　確率の復習から

【ベン図】

高校の数学の教科書に，次のような図がのっています.

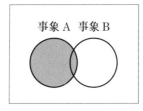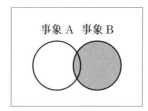

この図は，出来事 A や出来事 B をベン図で表現したものです.

さらに，次のような図ものっています.

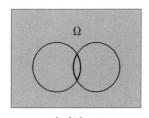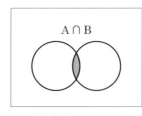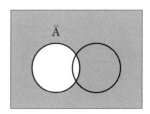

全事象 Ω　　　　　　積事象 A ∩ B　　　　　余事象 $\overline{\text{A}}$

事象 = a set of outcome of interest　　　ベン図 = Venn diagram

2

【確率の表現と確率の性質】

■出来事 A や出来事 B に対して，確率（probability）を

- $\Pr(A)$　　…　出来事 A が起こる確率
- $\Pr(B)$　　…　出来事 B が起こる確率
- $\Pr(A \cap B)$　…　出来事 A, B が同時に起こる確率

のように表します．

■確率の性質として

- 全事象 Ω の確率　　　　…　$\Pr(\Omega) = 1$
- 出来事 A が起こらない確率　…　$\Pr(\overline{A}) = 1 - \Pr(A)$

などがあります．

■出来事 A, B に対して

$$\boxed{\Pr(A \cap B)} = \boxed{\Pr(A)} \times \boxed{\Pr(B)}$$

が成り立つとき，

「出来事 A と出来事 B は独立である」

といいます．

$$\Pr\left(\boxdot, \boxdot, \boxdot\right) = \frac{1}{2} \quad \Pr\left(\boxdot, \boxdot\right) = \frac{1}{3} \qquad \Pr\left(\boxdot\right) = \frac{1}{6} = \frac{1}{2} \times \frac{1}{3}$$

1.2 ベイズ統計への旅立ち

ベイズ統計への出発点は，次の条件付確率です．

$$\boxed{\Pr(B \mid A)}$$

【条件付確率】

条件 A が与えられたとき，出来事 B が起こる確率を

$$\Pr(B \mid A)$$

と表し，これを**条件付確率**といいます．

このことは，

「出来事 A が起こる」という条件のもとで

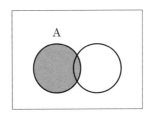

$\leftarrow \Pr(A)$

さらに，「出来事 B が起こる」

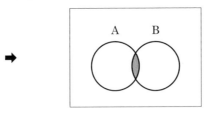

$\leftarrow \Pr(A \cap B)$

と同じです．したがって，

条件付確率は，次の式で計算することができます．

$$\boxed{\Pr(B \mid A) = \frac{\Pr(A \cap B)}{\Pr(A)}}$$

【条件付確率の適用？】

出来事 A を原因，出来事 B を結果とおくと

$$\Pr(B \mid A) = \Pr(結果 \mid 原因)$$

となるので，条件付確率は

「原因 A によって，結果 B が起こる確率」

と見ることができます．

そこで，A と B を逆にしてみると…

$$\Pr(A \mid B) = \Pr(原因 \mid 結果)$$

となるので，条件付確率は

「結果が B となったとき，その原因は A である確率」

と見ることもできます．

次の条件付確率がベイズの定理です.

> **ベイズの定理**
>
> ① $\Pr(A \mid B) = \boxed{}$
>
> ② $\Pr(A \mid B) = \dfrac{\Pr(B \mid A)}{\Pr(B)} \times \Pr(A)$
>
> ③ $\Pr(A \mid B) = \dfrac{\Pr(B \mid A) \times \Pr(A)}{\Pr(B \mid A) \times \Pr(A) + \Pr(B \mid \overline{A}) \times \Pr(\overline{A})}$
>
> このとき, ベイズ統計では,
>
> - $\Pr(A)$ …事前確率
> - $\Pr(A \mid B)$ …事後確率
> - $\Pr(B \mid A)$ …尤度
> - $\Pr(B)$ …基準化定数
>
> といいます.

このベイズの定理は, 一見, 神秘的に見えるのですが…

2つの出来事 A, B に対して, 次の等式が成り立ちます.

$$\boxed{\frac{\mathrm{Pr}(A \cap B)}{\mathrm{Pr}(B)}} \times \mathrm{Pr}(B) = \mathrm{Pr}(A \cap B) = \boxed{\frac{\mathrm{Pr}(A \cap B)}{\mathrm{Pr}(A)}} \times \mathrm{Pr}(A)$$

このとき, 条件付確率の表現を使うと

ベイズの定理は
アタリマエ？

$$\boxed{\mathrm{Pr}(A \mid B)} \times \mathrm{Pr}(B) = \boxed{\mathrm{Pr}(B \mid A)} \times \mathrm{Pr}(A)$$

となるので, この式を変形して, ベイズの定理

$$\mathrm{Pr}(A \mid B) = \frac{\mathrm{Pr}(B \mid A)}{\mathrm{Pr}(B)} \times \mathrm{Pr}(A)$$

の出来上がりです.

さらに, 次の図から

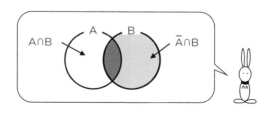

$$\mathrm{Pr}(B) = \mathrm{Pr}(A \cap B) + \mathrm{Pr}(\overline{A} \cap B)$$
$$= \mathrm{Pr}(B \mid A) \times \mathrm{Pr}(A) + \mathrm{Pr}(B \mid \overline{A}) \times \mathrm{Pr}(\overline{A})$$

となるので, ベイズの定理は

$$\mathrm{Pr}(A \mid B) = \frac{\mathrm{Pr}(B \mid A) \times \mathrm{Pr}(A)}{\mathrm{Pr}(B \mid A) \times \mathrm{Pr}(A) + \mathrm{Pr}(B \mid \overline{A}) \times \mathrm{Pr}(\overline{A})}$$

となります.

1.4 事前確率と尤度と事後確率

問　題

鳥ウイルスの簡易検査の信頼性は 86％です．

ある鳥がこの簡易検査で陽性反応が出たとき，

この鳥が鳥ウイルスに感染している確率は？

この問題にベイズの定理を適用してみましょう．

① 事前の情報から事前確率を決める

- A を鳥ウイルスに感染している鳥とします．
- $\overline{\text{A}}$ を鳥ウイルスに感染していない鳥とします．

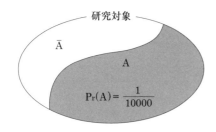

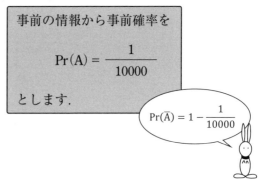

事前の情報から事前確率を

$$\Pr(\text{A}) = \frac{1}{10000}$$

とします．

$$\Pr(\overline{\text{A}}) = 1 - \frac{1}{10000}$$

② 研究対象からデータを抽出する

- 感染している　鳥 50 羽　…A
- 感染していない鳥 90 羽　…$\overline{\text{A}}$

表 1.4.1　簡易検査の実験結果

	感染している鳥 A	感染していない鳥 $\overline{\text{A}}$
陽性反応 B	43 羽	9 羽
陰性反応 $\overline{\text{B}}$	7 羽	81 羽

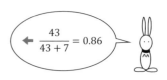

$$\frac{43}{43 + 7} = 0.86$$

この実験結果から，次の条件付確率を求めます.

$$\Pr(B \mid A) = \frac{43}{43 + 7} \qquad \text{…分母は感染している鳥 A}$$

$$\Pr(B \mid \overline{A}) = \frac{9}{81 + 9} \qquad \text{…分母は感染していない鳥 } \overline{A}$$

③　事後確率を計算する

$$\Pr(A \mid B) = \frac{\Pr(B \mid A) \times \Pr(A)}{\Pr(B \mid A) \times \Pr(A) + \Pr(B \mid \overline{A}) \times \Pr(\overline{A})}$$

$$= \frac{\dfrac{43}{50} \times \dfrac{1}{10000}}{\dfrac{43}{50} \times \dfrac{1}{10000} + \dfrac{9}{90} \times \dfrac{9999}{10000}}$$

$$= \boxed{} \qquad \qquad \leftarrow \text{事後確率}$$

つまり，鳥ウイルスに感染している確率は 0.0001％ですが

簡易検査で陽性反応が出たときには

鳥ウイルスに感染している確率が $\boxed{}$ に変化します.

事前の情報から … $\Pr(A)$
実験の結果から … $\Pr(B \mid A)$
$\Pr(B \mid \overline{A})$

0.0008569
です

ところで，事前に鳥ウイルスに関する情報がなく

簡易検査の実験結果が

表 1.4.2

	感染している A	感染していない $\overline{\text{A}}$
陽性反応 B	43 羽	9 羽
陰性反応 $\overline{\text{B}}$	7 羽	81 羽

のとき，事後確率 $\Pr(\text{A} \mid \text{B})$ は？

　事前の情報がない場合，事前確率は

$$\Pr(\text{A}) = \Pr(\overline{\text{A}}) = \frac{1}{2}$$

とします．

　このとき，事後確率 $\Pr(\text{A} \mid \text{B})$ を計算してみると……

$\frac{1}{2} = 0.5$

$$\Pr(\text{A} \mid \text{B}) = \frac{\Pr(\text{B} \mid \text{A}) \times \Pr(\text{A})}{\Pr(\text{B} \mid \text{A}) \times \Pr(\text{A}) + \Pr(\text{B} \mid \overline{\text{A}}) \times \Pr(\overline{\text{A}})}$$

$$= \frac{\dfrac{43}{50} \times \dfrac{1}{2}}{\dfrac{43}{50} \times \dfrac{1}{2} + \dfrac{9}{90} \times \dfrac{1}{2}}$$

$$= \frac{\dfrac{43}{50}}{\dfrac{43}{50} + \boxed{\dfrac{9}{90}}}$$

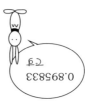

0.895833

$$= \boxed{}$$

ところで，事前確率 $\mathrm{Pr(A)}$ は，$\mathrm{Pr(A)} = \dfrac{1}{10000}$ のままで，

簡易検査の実験結果が

表 1.4.3

	感染している A	感染していない $\overline{\mathrm{A}}$	
陽性反応 B	50 羽	a 羽	$\leftarrow\quad a \geqq 0$
陰性反応 $\overline{\mathrm{B}}$	0 羽	$90 - a$ 羽	

のとき，事後確率 $\mathrm{Pr(A \mid B)}$ は？

このとき，事後確率 $\mathrm{Pr(A \mid B)}$ を計算してみると……

$$\mathrm{Pr(A \mid B)} = \frac{\mathrm{Pr(B \mid A)} \times \mathrm{Pr(A)}}{\mathrm{Pr(B \mid A)} \times \mathrm{Pr(A)} + \mathrm{Pr(B \mid \overline{A})} \times \mathrm{Pr(\overline{A})}}$$

$$= \frac{\dfrac{50}{50} \times \dfrac{1}{10000}}{\dfrac{50}{50} \times \dfrac{1}{10000} + \dfrac{a}{90} \times \dfrac{9999}{10000}}$$

となります.

表 1.4.3 の a に色々な数を入れて計算してみましょう

$a = 0$ のとき $\mathrm{Pr(A \mid B)}$ は？
$a = 90$ のとき $\mathrm{Pr(A \mid B)}$ は？

BBC ニュース速報!?

昨夜，ロンドンの宮殿に何者かが侵入し

女王陛下のダイヤモンドを盗んでいきました*!!*

さっそく，名探偵シャーロック・ホームズのもとへ

スコットランド・ヤードから，捜査の依頼が来ました．

そこで，名探偵ホームズは，次の2つのモデルを考えました．

- モデル M_1 … 怪盗ルパンが宮殿に忍び込む
- モデル M_2 … ルパン以外の怪盗が宮殿に忍び込む

① 事前の情報

ワトソン博士の調査によると，ロンドンの犯罪界に

次のようなうわさが流れていたそうです．

> 怪盗ルパンが宮殿に忍び込み
> 女王陛下の何かを盗むらしい

$\cdots \mathrm{Pr}(M_1) = 0.7$

> ルパン以外の怪盗が宮殿に忍び込み
> 女王陛下の何かを盗むらしい

$\cdots \mathrm{Pr}(M_2) = 0.3$

0.7 + 0.3 = 1

② 名探偵ホームズの事件簿

名探偵ホームズの資料によると，怪盗ルパンと
ルパン以外の怪盗による宝石犯罪のデータは
次のようになっていました．

表 1.5.1 宝石強盗の成功と失敗の回数

	怪盗ルパン M_1	ルパン以外の怪盗 M_2
成功 B の回数	9 回	8 回
失敗 $\overline{B}$ の回数	1 回	12 回

$$\uparrow \qquad\qquad\qquad \uparrow$$
$$\Pr(B \mid M_1) = 0.9 \qquad \Pr(B \mid M_2) = 0.4$$

$0.9 + 0.4 \neq 1$

③ 女王陛下のダイヤモンドを盗んだ犯人は
　　怪盗ルパン？　それともルパン以外の怪盗？

名探偵ホームズは，ワトソン博士と協力して
次の事後確率を計算してみました．

この計算は東京図書のHPから
ダウンロードできます〜

- 女王陛下のダイヤモンドが盗まれたとき
  その犯人が怪盗ルパンである確率
  $$\Pr(M_1 \mid B) = \boxed{} = 0.84$$

- 女王陛下のダイヤモンドが盗まれたとき
  その犯人がルパン以外の怪盗である確率
  $$\Pr(M_2 \mid B) = \boxed{} = 0.16$$

$0.84 + 0.16 = 1$

この事前確率と事後確率を眺めていたホームズは…

- モデル M_1 　　$Pr(M_1) = 0.7$ 　→変化→ 　$Pr(M_1 \mid B) = 0.84$
- モデル M_2 　　$Pr(M_2) = 0.3$ 　→変化→ 　$Pr(M_2 \mid B) = 0.16$

> そうだ！ 事前・事後の確率の変化を計算してみよう！

- モデル M_1 　　$\text{変化} = \dfrac{Pr(M_1 \mid B)}{Pr(M_1)} \dfrac{0.84}{0.7} = 1.2$

- モデル M_2 　　$\text{変化} = \dfrac{Pr(M_2 \mid B)}{Pr(M_2)} \dfrac{0.16}{0.3} = 0.533$

> この2つの変化の比をとってみると…

$$\text{変化の比} = \dfrac{1.2}{0.533} = 2.25$$

フムフム

> つまり，モデル M_2 よりモデル M_1 の方が 2.25 倍，尤もらしい，ということなのだね！ ワトソン君

それを見ていたワトソン博士が，次の計算をすると…

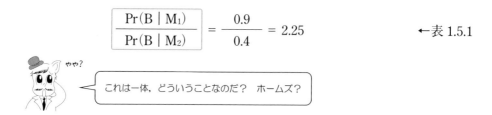

$$\dfrac{Pr(B \mid M_1)}{Pr(B \mid M_2)} = \dfrac{0.9}{0.4} = 2.25$$

←表 1.5.1

やや？

> これは一体，どういうことなのだ？ ホームズ？

It's elementary, Dr. watson

名探偵ホームズはベイズの定理を使って,
次のように式の変形をしました.

$$
\text{変化の比} = \cfrac{\cfrac{\Pr(M_1 \mid B)}{\Pr(M_1)}}{\cfrac{\Pr(M_2 \mid B)}{\Pr(M_2)}}
$$

$$
= \cfrac{\cfrac{\cfrac{\Pr(B \mid M_1)}{\Pr(B)} \times \Pr(M_1)}{\Pr(M_1)}}{\cfrac{\cfrac{\Pr(B \mid M_2)}{\Pr(B)} \times \Pr(M_2)}{\Pr(M_2)}}
$$

$$
= \boxed{\cfrac{\Pr(B \mid M_1)}{\Pr(B \mid M_2)}}
$$

この右辺のことを **ベイズ因子 Bf₁₂** というのだよ

本当かい？？
ベイズ因子は事前確率と関係がないのかい？

ホームズ！ なぜ君はそんな事まで知っているんだ？

ベイズさんは
僕の数学の家庭教師だったのだよ
なんてね！

1.6 ベイズ因子と検定統計量

統計処理でよく利用されている仮説の検定は

次のようになっています.

検定の手順❶ 帰無仮説 H_0 と対立仮説 H_1 をたてる

検定の手順❷ 検定統計量とその有意確率を計算する

検定の手順❸ 有意確率≦有意水準 0.05 のとき
帰無仮説 H_0 を棄却し,対立仮説 H_1 を採用する

ベイズ統計では,この検定統計量の代わりに

$$\boxed{\text{ベイズ因子 Bf}_{12}} = \frac{\text{Pr}(\text{結果B} \mid \text{モデル } M_1)}{\text{Pr}(\text{結果B} \mid \text{モデル } M_2)}$$

を使います.

このベイズ因子は
2 つのモデルの尤もらしさを
比較する統計量

そこで,

- モデル M_1 ⇨ 帰無仮説 H_0
- モデル M_2 ⇨ 対立仮説 H_1
- 結果 B ⇨ データ D

とおきかえてみると

$$\text{Bf}_{12} = \frac{\text{Pr}(B \mid M_1)}{\text{Pr}(B \mid M_2)} \quad ⇨ \quad \text{Bf}_{01} = \frac{\text{Pr}(\text{データ D} \mid \text{帰無仮説} H_0)}{\text{Pr}(\text{データ D} \mid \text{対立仮説} H_1)}$$

となります.

【SPSS の Algorithms に現れるベイズ因子の記号】

$$B_{01} = \frac{Pr(\bar{x}|\mu = \mu_0)}{Pr(\bar{x}|\mu \neq \mu_0)} \quad , \quad \Delta_{01} = \frac{Pr(Y|H_0)}{Pr(Y|H_0)}$$

$\gamma BF_{01}, \quad gBF_{01}, \quad pBF_{01}$

$\Delta_{01}, \quad \Delta^z{}_{10}, \quad \Delta^s{}_{10}, \quad \Delta^z{}_{10}, \quad \Delta^h{}_{10}(a), \quad \Delta^\gamma{}_{10}(s)$

$\Delta^z{}_{1F}(g), \quad \Delta^s{}_{1F}(g), \quad \Delta^h{}_{1F}(a), \quad \Delta^\gamma{}_{1F}(s)$

$\Delta^z{}_{10}, \quad \Delta^s{}_{10}, \quad \Delta^h{}_{10}(a), \quad \Delta^\gamma{}_{10}(s)$

$BF_{01}, \quad BF_{01}(t), \quad B^b{}_{10}, \quad B^\gamma{}_{10}$

SPSS のベイズ統計では，ベイズ因子の評価を次の表にまとめています．

$$\text{ベイズ因子} \quad \text{Bf}_{01} = \frac{\Pr(D \mid H_0)}{\Pr(D \mid H_1)} \quad \text{の場合}$$

Bayes Factor	Evidence Category
>100	Extreme Evidence for H0
30 ～ 100	Very Strong Evidence for H0
10 ～ 30	Strong Evidence for H0
3 ～ 10	Moderate Evidence for H0

Bayes Factor	Evidence Category
1 ～ 3	Anecdotal Evidence for H0
1	No evidence
$\frac{1}{3} \sim 1$	Anecdotal Evidence for H1
$\frac{1}{10} \sim \frac{1}{3}$	Moderate Evidence for H1

Bayes Factor	Evidence Category
$\frac{1}{30} \sim \frac{1}{10}$	Strong Evidence for H1
$\frac{1}{100} \sim \frac{1}{30}$	Very Strong Evidence for H1
$\frac{1}{100} >$	Extreme Evidence for H1

D … data　データ

H_0：null hypothesis

H_1：alternative hypothesis

SPSS によるベイズ因子の評価 （日本語版）

SPSS のベイズ統計では，ベイズ因子の評価を次の表にまとめています．

$$\text{ベイズ因子} \quad \mathrm{Bf}_{10} = \frac{\Pr(D \mid H_1)}{\Pr(D \mid H_0)} \quad \text{の場合}$$

ベイズ因子	証拠のカテゴリー
>100	H1 に対する最高レベルの証拠
30 ～ 100	H1 に対する非常に強い証拠
10 ～ 30	H1 に対する強い証拠
3 ～ 10	H1 に対する中程度の証拠

ベイズ因子	証拠のカテゴリー
1 ～ 3	H1 に対する不確かな証拠
1	証拠なし
$\frac{1}{3}$ ～ 1	H0 に対する不確かな証拠
$\frac{1}{10}$ ～ $\frac{1}{3}$	H0 に対する中程度の証拠

※注意
H_0 と H_1 が
逆になっています

ベイズ因子	証拠のカテゴリー
$\frac{1}{30}$ ～ $\frac{1}{10}$	H0 に対する強い証拠
$\frac{1}{100}$ ～ $\frac{1}{30}$	H0 に対する非常に強い証拠
$\frac{1}{100}$ >	H0 に対する最高レベルの証拠

H_1：対立仮説

H_0：帰無仮説

1.7 95%信用区間と95%信頼区間

　ベイズ統計では，区間推定のときに

　　　　95%信 用 区間

という統計用語を使います.

信用
= credible

ベイズ統計では,

　　　　母集団の未知パラメータは　　……　確率変数

　　　　母集団から抽出されたデータは　……　定数

とします.

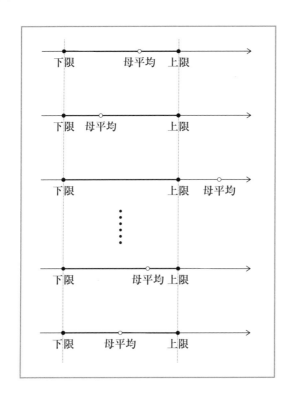

つまり…
標本データの抽出は
1回だけなので
上限, 下限の値は
一定です

変動するのは
母平均です

これに対して…

通常の統計処理では，区間推定のときに

　　　95%信頼区間

という統計用語を使います．

通常の統計処理では

　　　母集団の未知パラメータは　　　……　定数

　　　母集団から抽出されたデータは　……　確率変数（のように）

として取り扱います．

信頼
=confidence

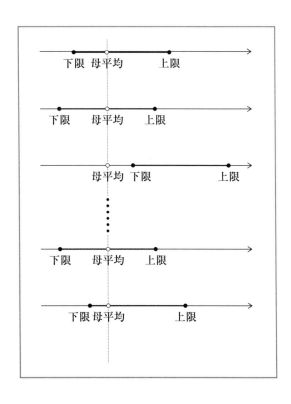

したがって…
母集団から
標本データを
抽出するたびに
上限，下限の値は
異なります

変動するのは
上限，下限です

第 2 章

1 サンプルの正規分布

2.1 データの型とデータの入力

SPSS の分析メニューから

ベイズ統計 ➡ 1 サンプルの正規分布

を選択すると，右ページのように

● パラメータの推定

● モデルの比較

をすることができます．

【データの型】

データの型は，次のようになります．

表 **2.1.1** データの型—パターン①—

No.	変数 x
1	x_1
2	x_2
⋮	⋮
N	x_N

↑
母平均 μ

xi は
数値データ
です

【SPSS の出力】

● パラメータの推定

次のように，パラメータの区間推定をします．

1 サンプル平均の事後分布評価

| | N | 事後分布 | | | 95% 信用区間 | |
		最頻値	平均値	分散	下限	上限
時給	8	981.25	981.25	5195.312	837.73	1124.77

分散の事前確率: Diffuse。平均の事前確率: Diffuse。

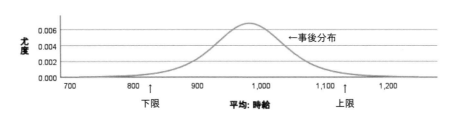

p.39 に
解説があります

● モデルの比較

次のベイズ因子で，2 つのモデルを比較します．

1 サンプルの t 検定のベイズ因子

	N	平均値	標準偏差	平均値の標準誤差	ベイズ因子[a]
時給	8	981.25	133.463	47.186	.344

a. ベイズ因子: 帰無仮説 対 対立仮説。

p.31 に
解説があります

したがって，ベイズ因子は

$$\text{ベイズ因子Bf}_{01} = \frac{\{帰無仮説H_0\}}{\{対立仮説H_1\}} = 0.344$$

となります

【データ】

次のデータは，コンビニでアルバイトをしている学生 8 人の時給です．

全国のコンビニの平均時給はいくらなのでしょうか？

表2.1.2　データ

No.	時給
1	850
2	1000
3	1100
4	950
5	1200
6	900
7	1050
8	800

↑
標本平均 $\bar{x}$

このデータは
『SPSS による統計処理の手順』
第 1 章と同じです

【分析の内容】

● パラメータの推定

コンビニでアルバイトをしている学生の平均時給を

確率 95％で区間推定します．　　　　　← 下限 ≦ 平均時給 μ ≦ 上限

● モデルの比較

次の 2 つのモデルを比較します．

モデル $\boldsymbol{M}_0$ ⋯ 帰無仮説 H_0：平均時給 $\mu = 850$

モデル $\boldsymbol{M}_1$ ⋯ 対立仮説 H_1：平均時給 $\mu \neq 850$

【SPSS のデータ入力】

次のようにデータを入力します.

変数ビューは, 次のようになります.

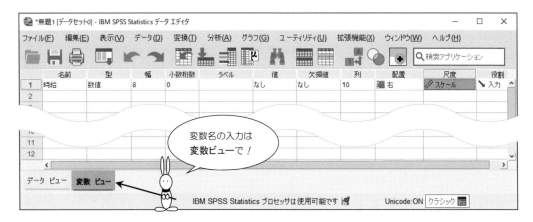

2.2 ベイズ因子の推定（母分散が未知の場合）

【統計処理の手順】

手順 **1** 分析のメニューから

ベイズ統計(Y) ➡ 1サンプルの正規分布(N)

を選択します.

英語版では 次のようになっています

Bayesian Statistics ➡ One Sample Normal

手順② 次の正規の画面になったら

　　　時給 を 検定変数(T) の中へ移動

- ● ベイズ分析のところは

　　　⊙ ベイズ因子の推定(E)

　を選択します.

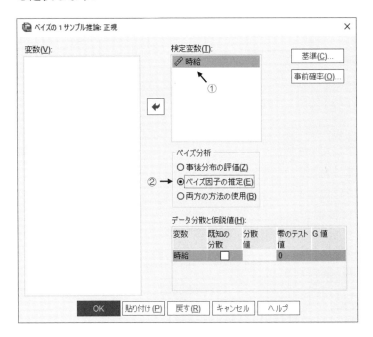

【分析の内容】 ―モデルの比較―

次の2つのモデルを比較します（母分散が未知の場合）

　　　モデル M_0 … 帰無仮説 H_0：平均時給 $\mu = 850$

　　　モデル M_1 … 対立仮説 H_1：平均時給 $\mu \neq 850$

零のテスト＝帰無仮説

手順 3 母分散が未知のときは

● **既知の分散** □ にチェックを<u>しない</u>で

● 零のテスト値のところに

零のテスト値 $\boxed{850}$

と入力します.

あとは, $\boxed{\text{OK}}$ ボタンをマウスでカチッ!

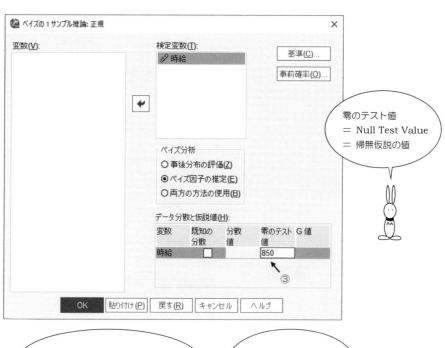

帰無仮説 = Null hypothesis
対立仮説 = Alternative hypothesis

零のテスト値 μ_0 を
いろいろ変えてみよう!

零のテスト値
= Null Test Value
= 帰無仮説の値

ベイズ統計の画面には，次のような 基準 があります．

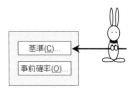

この基準をクリックすると，次の画面になります．

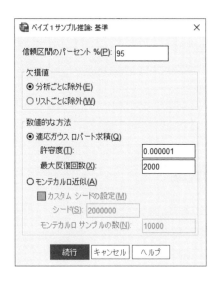

● 通常の統計では

confidence interval

＝信頼区間

● ベイズ統計では

credible interval

＝信用区間

信用区間のパーセントを変更するときに，この画面を利用します．

【SPSS による出力】 —ベイズ因子の推定（母分散が未知の場合）—

1 サンプルの t 検定のベイズ因子

	N	平均値	標準偏差	平均値の標準誤差	ベイズ因子[a]
時給	8	981.25	133.463	47.186	.344

② ↑

	t 値	自由度	有意確率 (両側)	
時給	2.782	7	.027	← ③

a. ベイズ因子: 帰無仮説 対 対立仮説。

① ↑

Mathematica によるベイズ因子の計算

t : = 2.781518;
w : = 8;
n : = 8;
v : = 7;

$$N\left[\left(1+\frac{t^2}{v}\right)^{-\frac{v+1}{2}} / \text{NIntegrate}[\vdots\right.$$

$$\left[(1+8*g)^{-0.5}*\left(1+\frac{t^2}{(1+8*g)*7}\right)^{-4}*(2*\pi)^{-0.5}*g^{-1.5}*e^{\frac{1}{2*g}},\{g,0,\text{Infinity}\}\right],20\right]$$

$$= 0.344277$$

【出力結果の読み取り方】

←① ベイズ因子の説明

> 帰無仮説　対　対立仮説　となっているので

> ●ベイズ因子 $B_{01} = \dfrac{\{帰無仮説\ H_0：\ \mu\ =\ 850\}}{\{対立仮説\ H_1：\ \mu\ \neq\ 850\}}$

B_{01} は
SPSS の記号です

となります.

←② ベイズ因子の値

> ●ベイズ因子 $B_{01} = \dfrac{\mathrm{Pr}(\bar{x}\ |\ \mu\ =\ 850)}{\mathrm{Pr}(\bar{x}\ |\ \mu\ \neq\ 850)} = 0.344 < \boxed{1}$

> なので，対立仮説 H_1 を支持しています

ベイズ因子の評価は
p.18 を参照してください

←③　ここは通常の母平均の検定（t 検定）です.

Bayes Factor for One-Sample with Unknown Variance (JZS)

$$B_{01} = \frac{\left(1 + \dfrac{t^2}{v}\right)^{-(v+1)/2}}{\displaystyle\int_0^\infty (1+Wg)^{-1/2}\left(1+\dfrac{t^2}{(1+Wg)v}\right)^{-(v+1)/2}(2\pi)^{-1/2}g^{-3/2}e^{-1/(2g)}dg}$$

表 2.1.2 のデータを使って

事後分布の評価（事前の情報がない場合）

をおこなうと，

- 事後分布の平均 = 981.25
- 事後分布の分散 = 5195.312

となります．

この出力は
p.38 を
見てください

下 にもあります

そこで，この事後分布の分散を

- 既知の分散 = 5195.312

として，ベイズ因子の推定をしてみましょう．

既知の分散の値は
研究者に
まかされています

事後分布の評価（事前の情報がない場合）

1 サンプル平均の事後分布評価

	N	事後分布			95% 信用区間	
		最頻値	平均値	分散	下限	上限
時給	8	981.25	981.25	5195.312	837.73	1124.77

分散の事前確率: Diffuse。平均の事前確率: Diffuse。

ここです

手順③ 母分散が既知のときは

- 既知の分散 □ にチェック
- 分散値に 5195.312 　零のテスト値に 850
  と入力します.

あとは, **OK** ボタンをマウスでカチッ!

【分析の内容】 —モデルの比較—

次の2つのモデルを比較します(母分散が既知の場合)

モデル $\mathcal{M}_0$ ⋯ 帰無仮説 H_0:平均時給 $\mu = 850$

モデル $\mathcal{M}_1$ ⋯ 対立仮説 H_1:平均時給 $\mu \neq 850$

【SPSS による出力】—ベイズ因子の推定（母分散が既知の場合）—

1 サンプルの t 検定のベイズ因子

	N	平均値	標準偏差	平均値の標準誤差	ベイズ因子[a]
時給	8	981.25	133.463	47.186	.000

a. ベイズ因子: 帰無仮説 対 対立仮説。

②

	t 値	自由度	有意確率 (両側)
時給	2.782	7	.027

a. ベイズ因子: 帰無仮説 対 対立仮説。

①

分散値 ＝100　とすると，次の出力になります

	N	平均値	標準偏差	平均値の標準誤差	ベイズ因子[a]
時給	8	981.25	133.463	47.186	.000

分散値 ＝1000000　とすると，次の出力になります

	N	平均値	標準偏差	平均値の標準誤差	ベイズ因子[a]
時給	8	981.25	133.463	47.186	2.822

【出力結果の読み取り方】

←① ベイズ因子の説明

$\boxed{\text{帰無仮説}}$ 対 $\boxed{\text{対立仮説}}$ となっているので

- ベイズ因子 $B_{01} = \dfrac{\{帰無仮説\ H_0：\mu = 850\}}{\{対立仮説\ H_1：\mu \neq 850\}}$

B01は
SPSS の記号です

となります.

←② ベイズ因子の値

- ベイズ因子 $B_{01} = \dfrac{\Pr(\bar{x}\mid\mu = 850)}{\Pr(\bar{x}\mid\mu \neq 850)} = 0.000 < \boxed{1}$

なので，対立仮説 H_1 を支持しています.

ベイズ因子の評価は
p.18 を参照してください

Bayes Factor for One-Sample with Known Variance

$$B_{01} = \frac{\Pr(\bar{x}\mid\mu = \mu_0)}{\Pr(\bar{x}\mid\mu \neq \mu_0)}$$

$$= \sqrt{1 + Wg}\ \exp\left[-\frac{1}{2}(\bar{x} - \mu_0)^2(\sigma_x^2)^{-1}W(1 + 1/(Wg))^{-1}\right]$$

2.4 事後分布の評価（事前の情報がない場合）

【統計処理の手順】 ― p.26 手順 1 の続き―

手順 2 次の正規の画面になったら

　　　　時給　を　検定変数(T)　の中へ移動

● ベイズ分析のところは

　　　⊙ 事後分布の評価(Z)

を選択します.

次に,　事前確率(O)　をクリックします.

手順 ③ 次の正規事前確率の画面になったら

   ● 分散／精度の事前確率　のところは

          | 拡散 |

   を選択します．

拡散 ＝ diffuse

   ● 指定された分散／精度の平均の事前確率のところは

        ○ 正規（N）　　　⦿ 拡散（D）

   を選択し，| 続行 |．

   手順 2 の画面にもどったら

   あとは，| OK | ボタンをマウスでカチッ!!

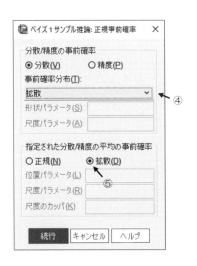

Diffuse Priors は
p.54 を参照してください

【分析の内容】 ― パラメータの推定 ―

   次のパラメータの区間推定をします．

   平均時給の下限と上限（確率 95％）

【SPSS による出力】—事後分布の評価(事前の情報がない場合)—

1 サンプル平均の事後分布評価

	N	最頻値	事後分布 平均値	分散	95% 信用区間 下限	上限
時給	8	981.25	981.25	5195.312	837.73	1124.77

分散の事前確率: Diffuse。平均の事前確率: Diffuse。

　　　　　　　　　　↑　　　　　　　　↑　　　　↑
　　　　　　　　　　①　　　　　　　　②　　　　③

時給

　　　　　　　　　　　　　　　対数尤度関数
　　　　　　　　　　　　　　　事前分布
　　　　　　　　　　　　　　　事後分布

← ④　事前分布

← ⑤　事後分布

平均: 時給

$$下限 = 981.25 - Idf.T\left(1 - \frac{0.05}{2}, \quad 8 - 3\right) \times \sqrt{3117.187}$$
$$= 837.73$$

$$上限 = 981.25 + Idf.T\left(1 - \frac{0.05}{2}, \quad 8 - 3\right) \times \sqrt{3117.187}$$
$$= 1124.77$$

【出力結果の読み取り方】

←① 事前分布の説明

      ● 分散の事前確率分布 … Diffuse（flat ＝ 一様） ← p.54

      ● 平均の事前確率分布 … Diffuse（flat ＝ 一様）

←② 事後分布の平均と分散

      ● 平均 $\mathbb{E}(\mu_x \mid X) = 981.25$ ←標本平均 981.25

標本分散
＝17812.5

      ● 分散 $\mathbb{V}(\mu_x \mid X) = \dfrac{(8-3)}{(8-3)-2} \times \dfrac{(8-1)}{(8-3)} \times 標本分散$

$$= 5195.312$$

$\mathrm{V}(\mu_x \mid X)$ の計算は
p.54 を参照

←③ 95％信用区間

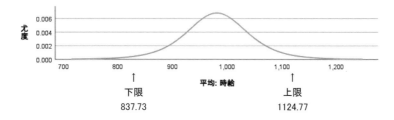

信用区間に $\mu_0 = 850$ が
含まれています

ベイズ因子の
結果と比べてみよう！

2.5 事後分布の評価（事前確率分布を利用する場合）

【統計処理の手順】 ― p.36 **手順 2** の続き―

手順 3 次の　正規事前確率の画面になったら

　　　● 分散 / 精度の事前確率のところは

　　　　　⦿ 分散（V）　　○ 精度（P）

　　　を選択

　　　● 事前確率分布（T）のところは

　　　　　| 逆カイ 2 条 |

　　　を選択して

　次のようにパラメータを入力します.

p.38 の事後分布をここでは
事前分布として利用します
p.32 も参照

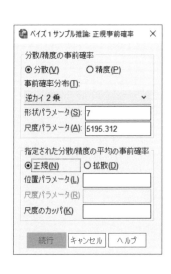

事後分布の評価
（事前の情報がない場合）
をおこなうと
事後分布の分散
　＝5195.312
になります　→p.38

パラメータの入力については
§2.7（p.48, 55）を参照して
ください

手順 ④ 続いて，

- 指定された分散 / 精度の平均の事前確率のところは

  ⊙正規（N）　　○拡散（D）

  を選択します．

- 次のように位置パラメータを入力して， 続行 .

手順 2 の画面にもどったら，← p.36

あとは， OK ボタンをマウスでカチッ‼

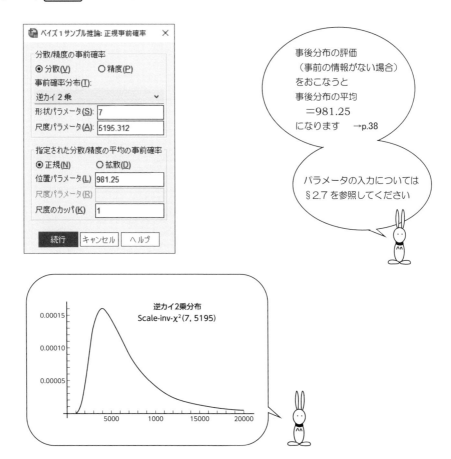

事後分布の評価
（事前の情報がない場合）
をおこなうと
事後分布の平均
　＝981.25
になります　→p.38

パラメータの入力については
§2.7 を参照してください

【SPSS による出力】 —事後分布の評価（事前確率分布を利用する場合）—

1 サンプル平均の事後分布評価

| | N | 事後分布 | | | 95% 信用区間 | |
		最頻値	平均値	分散	下限	上限
時給	8	981.25	981.25	1376.536	907.63	1054.87

分散の事前確率: Inverse Chi-Square。平均の事前確率: Normal。

   ↑   ↑   ↑
   ①   ②   ③

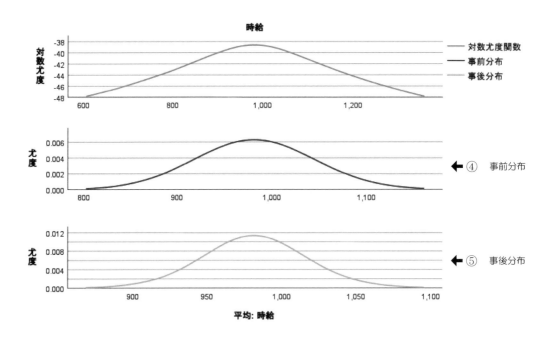

【出力結果の読み取り方】

←① 事前分布の説明

- 分散の事前確率分布 … 逆カイ 2 乗分布

- 平均の事前確率分布 … 正規分布

←② 事後分布の分散

- $\sigma_n^2 = \dfrac{1}{7+8}(7 \times 5195.312 + 7 \times 17812.5 + 8 \times \dfrac{1}{1+8}(981.25 - 981.25)^2)$

  $= 10736.98$

- 分散 $\mathbb{V}(\mu_x \mid X) = \dfrac{(7+8) \times \sigma_n^2}{(7+8-2) \times (1+8)} = 1376.536$

←③ 95％信用区間

V$(\mu x \mid X)$ の計算は
p.55 を参照

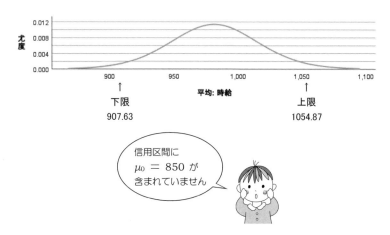

尤度

平均: 時給

↑
下限
907.63

↑
上限
1054.87

信用区間に
$\mu_0 = 850$ が
含まれていません

【統計処理の手順】 — p.36 **手順 2** の続き—

手順 3 母分散が既知のときは

- 既知の分散 □ のところ にチェック

- 分散値のところは

分散値 ┌5195.312┐

と入力します.

分散の値は
研究者に
まかされています

次に, ┌事前確率(O)┐ をクリックします.

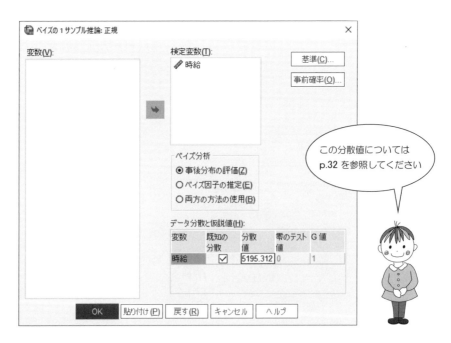

この分散値については
p.32 を参照してください

手順 4 次の事前確率の画面になったら

　　　　　　●指定された分散／精度の平均の事前確率 のところは

　　　　　　　　⊙ 拡散（D）

　　　　　を選択します．そして，続行 .

手順3の画面にもどったら，

あとは OK ボタンをマウスでカチッ！

□ 既知の分散
をチェックすると
分散/精度の事前確率
のところの入力はありません

平均の事前分布を
利用するかどうかは
研究者にまかされています

【分析の内容】 ―パラメータの推定―

　次のパラメータの区間推定をします．

　平均時給の下限と上限（確率95％）

【SPSS による出力】 ―事前分布の評価（母分散が既知の場合）―

1 サンプル平均の事後分布評価

| | N | 事後分布 | | | 95% 信用区間 | |
		最頻値	平均値	分散	下限	上限
時給	8	981.25	981.25	649.414	931.30	1031.20

分散の事前確率: Diffuse。平均の事前確率: Diffuse。

①   ②   ③

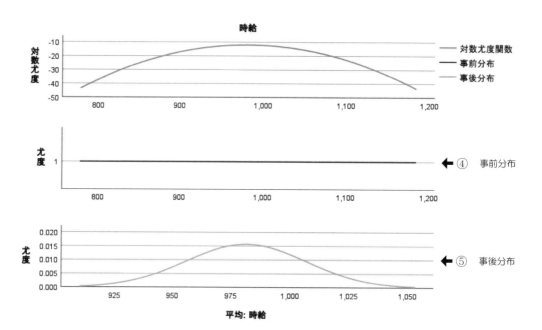

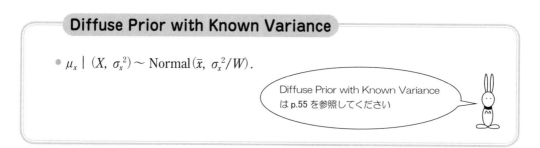

Diffuse Prior with Known Variance

- $\mu_x \mid (X, \sigma_x^2) \sim \text{Normal}(\bar{x}, \sigma_x^2/W)$.

Diffuse Prior with Known Variance は p.55 を参照してください

【出力結果の読み取り方】

←① 事前分布の説明

   ● 分散の事前確率分布 …   Diffuse

   ● 平均の事前確率分布 …   Diffuse

Diffuse は
p.54 を参照してください

←② 事後分布の分散

   ● 分散 $\mathbb{V}(\mu_x \mid X) = \dfrac{\sigma_x^2}{N}$

        $= \dfrac{5195.312}{8}$

        $= 649.414$

V $(\mu x \mid X)$ の計算は
p.55 を参照

←③ 95％信用区間

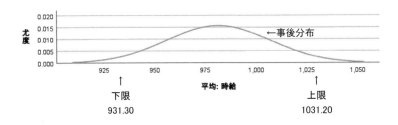

信用区間に
$\mu_0 = 850$ が
含まれていません

2.7 正規事前確率のパラメータについて

【⦿分散（V）逆カイ2乗　⦿正規（N）の場合】

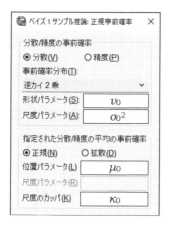

検定変数 x の母集団を
Normal（μ_x, σ_x^2）
とします

この4つのパラメータ ν_0, σ_0^2, μ_0, κ_0 について

SPSS のアルゴリズムは，次のようになっています．

Normal-Inverse Chi-Square Priors

We assume and place the following priors

- $\sigma_x^2 \sim \text{Inverse-}\chi^2(\nu_0,\ \sigma_0^2)$

- $\mu_x \mid \sigma_x^2 \sim \text{Normal}(\mu_0,\ \dfrac{1}{\kappa_0}\sigma_x^2),$

Where σ_x^2 is conditioned on, and scaled by κ_0 ($\kappa_0 = 1$ by default).

Note that ν_0, σ_0^2, μ_0, and κ_0 are specified by users.

【 ⊙分散(V) 逆ガンマ　　⊙正規(N) の場合】

検定変数 x の母集団を
Normal $(\mu_x,\ \sigma_x^2)$
とします

この 4 つのパラメータ a_0, β_0, μ_0, κ_0 について
SPSS のアルゴリズムは，次のようになっています.

Normal-Inverse Gamma Priors

We assume and place the following priors

- $\sigma_x^2 \sim$ Inverse-Gamma (a_0, β_0)

- $\mu_0 \mid \sigma_x^2 \sim$ Normal $\left(\mu_0, \dfrac{1}{\kappa_0}\sigma_x^2\right),$

Where σ_x^2 is conditioned on, and scaled by $\kappa_0 (\kappa_0 = 1$ by default$)$.

Note that a_0, β_0, μ_0, and κ_0 are specified by users.

【⊙精度(P) ガンマ　　⊙正規(N) の場合】

検定変数 x の母集団を
Normal $(\mu_x,\ \sigma_x{}^2)$
とします

この 4 つのパラメータ a_0, β_0, μ_0, κ_0 について
SPSS のアルゴリズムは，次のようになっています．

Normal-Gamma Priors

We reparameterize σ_x^2 by letting $\tau_x = 1/\sigma_x^2$, which denotes the precision parameter.

We assume and place the following priors.

- $\tau_x \sim \mathrm{Gamma}(a_0,\ \beta_0)$

- $\mu_x \mid \tau_x \sim \mathrm{Normal}(\mu_0,\ \dfrac{1}{\kappa_0\,\tau_x})$,

Where τ_x is conditioned on, and scaled by κ_0 ($\kappa_0 = 1$ by default).

Note that a_0, β_0, μ_0, and κ_0 are specified by users.

【 ⦿精度（P）カイ2乗　　⦿正規（N）の場合】

検定変数 x の母集団を
Normal（μ_x, σ_x^2）
とします

この3つのパラメータ λ, μ_0, κ_0 について

SPSS のアルゴリズムは，次のようになっています.

Normal-Chi-Square Priors

We reparameterize σ_x^2 by letting $\tau_x = 1/\sigma_x^2$, which denotes the precision parameter.

We assume and place the following priors.

- $\tau_x \sim \chi^2(\lambda)$

- $\mu_x \mid \tau_x \sim \text{Normal}(\mu_0, \dfrac{1}{\kappa_0\,\tau_x})$,

Where τ_x is conditioned on, and scaled by κ_0 ($\kappa_0 = 1$ by default).

Note that λ, μ_0, and κ_0 are specified by users.

【 ⊙分散(V) Jeffreys S2 　⊙拡散(D) の場合】

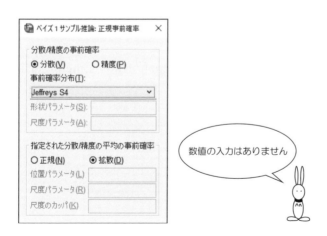

【 ⊙分散(V) Jeffreys S4 　⊙拡散(D) の場合】

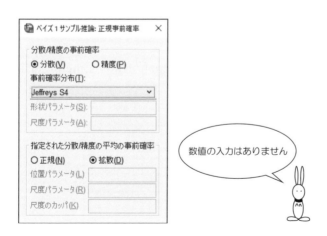

【母分散が既知の場合】

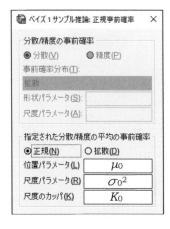

検定変数 x の母集団を
Normal（μ_x, σ_x^2）
とします
σ_x^2 は既知なので,
分散／精度の事前確率の
入力はありません

この３つのパラメータ μ_0, σ_0^2, κ_0 について
SPSS のアルゴリズムは,次のようになっています.

Normal Priors with Known Variance

We assume that the variance parameter σ_x^2 is known. Although this situaation is not common in practice, we consider it a nice example for a teaching perspective. We place a normal prior on μ_x by assuming that $\mu_x \sim \text{Normal}(\mu_0, \sigma_0^2)$, where μ_0 and σ_0^2 are specified by users.

Diffuse Priors

We assume and place the diffuse priors

- $p(\sigma_x^2) \propto 1$

- $p(\mu_x \mid \sigma_x^2) \propto 1$, where both μ_x and σ_x^2 have a at prior.

Under this setting, the marginal posterior distributions are

- $\sigma_x^2 \mid X \sim \text{Inverse-Gamma}(a_n, \beta_n)$

- $\mu_x \mid X \sim t_{v_n}(x, \sigma_n^2)$

  where $a_n = \dfrac{W-3}{2}$, $\beta_n = \dfrac{2}{\sum_{i=1}^{N} w_i(x_i - \bar{x})^2}$, $v_n = W-3$, and

  $\sigma_n^2 = \dfrac{1}{W(W-3)} \sum_{i=1}^{N} w_i(x_i - \bar{x})^2$

We may find the Bayes estimators of μ_x by computing the mode

  $\hat{\mu}_x = \bar{x},$

the expected value

  $\mathbb{E}(\mu_x \mid X) = \bar{x}$

and the variance of the marginal posterior distribution of $\mu_x \mid X$

  $\mathbb{V}(\mu_x \mid X) = \dfrac{v_n}{v_n - 2} \sigma_n^2$

Diffuse Prior with Known Variance

We assume that the variance parameter σ_x^2 is known, and place a flat prior on μ_x by assuming that $p(\mu_x) \propto 1$. Under this setting, the marginal posterior distribution of μ_x is

- $\mu_x \mid (X, \sigma_x^2) \sim \text{Normal}(\bar{x}, \sigma_x^2 / W)$.

We may find the Bayes estimators of μ_x by computing the expected value

$$\mathbb{E}(\mu_x \mid X) = \bar{x},$$

and the variance of the marginal posterior distribution of $\mu_x \mid X$

$$\mathbb{V}(\mu_x \mid X) = \sigma_x^2 / W$$

Normal-Inverse Chi-Square Priors

We assume and place the following priors

- $\sigma_x^2 \sim \text{Inverse-}\chi^2(v_0, \sigma_0^2)$

- $\mu_x \mid \sigma_x^2 \sim \text{Normal}(\mu_0, \dfrac{1}{\kappa_0} \sigma_x^2)$,

where σ_x^2 is conditioned on, and scaled by κ_0 ($\kappa_0 = 1$ by default). Note that v_0, σ_0^2, μ_0, and κ_0 are specified by users. Under this setting, the marginal posterior distributions are

- $\sigma_x^2 \mid X \sim \text{Inverse-}\chi^2(v_n, \sigma_n^2)$

- $\mu_x \mid X \sim t_{v_n}(\mu_n, \dfrac{1}{\kappa_n} \sigma_n^2)$

where $v_n = v_0 + W$, $\kappa_n = \kappa_0 + W$, $\mu_n = \mu_0 \dfrac{\kappa_0}{\kappa_n} + \bar{x} \dfrac{W}{\kappa_n}$, and

$$\sigma_n^2 = \frac{1}{v_n}\left(v_0 \sigma_0^2 + \sum_{i=1}^{N} w_i(x_i - \bar{x})^2 + W \frac{\kappa_0}{\kappa_n}(\bar{x} - \mu_0)^2 \right)$$

We may find the Bayes estimators of μ_x by computing the expected value

$$\mathbb{E}(\mu_x \mid X) = \mu_n,$$

and the variance of the marginal posterior distribution of $\mu_x \mid X$

$$\mathbb{V}(\mu_x \mid X) = \frac{v_n \sigma_n^2}{(v_n - 2)\kappa_n}$$

第3章 1サンプルの2項分布

3.1 データの型とデータの入力

SPSS の分析メニューから

  ベイズ統計　➡　1サンプルの2項分布

を選択すると,

 右ページのように

   ● パラメータの推定

   ● モデルの比較

をすることができます.

【データの型】

データの型は, 次のようになります.

表 3.1.1　データの型 —パターン⑩—

	試行		
	成功	失敗	合計
回数	m 回	N − m 回	N 回

    ↑
   母比率 π

【SPSS の出力】

● パラメータの推定

　次のように，パラメータの区間推定をします.

2 項推論の事後分布評価[a]

	事後分布			95% 信用区間	
	最頻値	平均値	変数	下限	上限
試行	.730	.728	.001	.664	.787

a. 2 項比率の事前確率: Beta(1, 1)。

p.73 に
解説があります

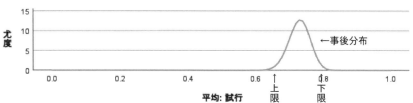

● モデルの比較

　次のベイズ因子で，2 つのモデルの比較をします.

p.65 に
解説があります

2 項比率の検定のベイズ因子

	成功カテゴリ	N	観測度数		ベイズ因子
			成功数	比率	
試行	= 成功	200	146	.730	.274

ベイズ因子: 帰無仮説 対 対立仮説。

したがって，ベイズ因子は

$$\text{ベイズ因子 Bf}_{01} = \frac{\{帰無仮説 H_0\}}{\{対立仮説 H_1\}} = 0.274$$

となります

【データ】

次のデータは，あるバスケットチームが200回ショットしたときの成功と失敗の回数です.

このチームの監督は"成功率0.8"と主張していますが相手チームの監督は0.7だと言っています.

表 3.1.2 データ

成功の回数	失敗の回数	合計
146	54	200

【分析の内容】

● パラメータの推定

ショットの成功率を確率95%で区間推定します.

→ 下限 ≦ 成功率 π ≦ 上限

● モデルの比較

次の2つのモデルを比較します.

モデル $\boldsymbol{M}_0$ ··· 帰無仮説 H_0：成功率 $\pi_0 = 0.8$

モデル $\boldsymbol{M}_1$ ··· 対立仮説 H_1：成功率 $\pi_1 = 0.7$

【SPSS のデータ入力】

次のようにデータを入力します.

変数ビューは, 次のようになります.

	名前	型	幅	小数桁数	ラベル	値	欠損値	列	配置	尺度	役割
1	試行	数値	8	0		{1, 成功}...	なし	11	右	名義	入力
2	回数	数値	8	0		なし	なし	10	右	スケール	入力
3											
4											
5											

● 重み付きオンは, 次の手順です.

　　データ(D) ➡ ケースの重み付け(W) ➡ ⊙ケースの重み付け(W)

3.2 ベイズ因子の推定（Null 点を利用する場合）

【統計処理の手順】

手順 1 分析のメニューから

　　　　　ベイズ統計(Y) ➡ 1 サンプルの 2 項分布(M)

　　を選択します.

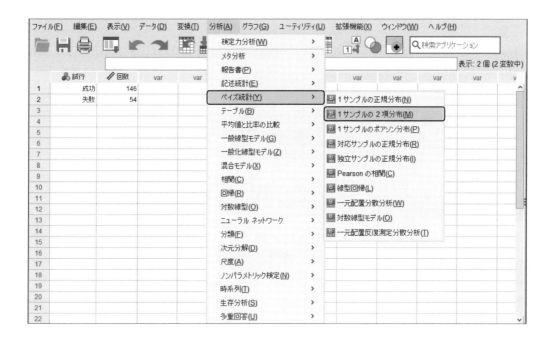

零事前確率形状	零事前確率尺度
a_0	b_0
$\pi_0 \sim \mathrm{Beta}\,(a_0,\ b_0)$	

代替事前確率形状	代替事前確率尺度
a_1	b_1
$\pi_1 \sim \mathrm{Beta}\,(a_1,\ b_1)$	

← p.65 参照

手順 ② 次の 2 項の画面になったら，

　　　　試行 を 検定変数(T) の中へ移動

● ベイズ分析のところは

　　⊙ ベイズ因子の推定(E)

を選択します.

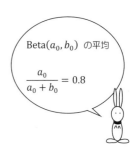

Beta(a_0, b_0) の平均

$$\frac{a_0}{a_0 + b_0} = 0.8$$

次に，Null 点をチェックして

　　Null 比率 　0.8

と入力します.

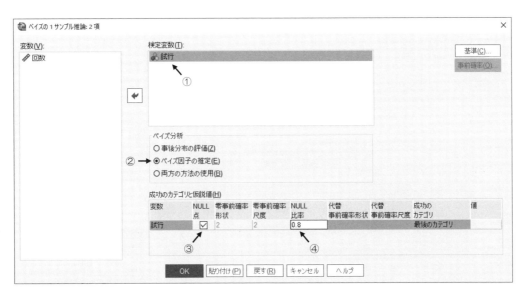

Null ＝ 帰無

【分析の内容】—モデルの比較—

次の 2 つのモデルを比較します.

　　　　モデル $\boldsymbol{M}_0$ … 帰無仮説 H$_0$：成功率 $\pi_0 = 0.8$

　　　　モデル $\boldsymbol{M}_1$ … 対立仮説 H$_1$：成功率 $\pi_1 = 0.7$

手順③ 続いて，代替のところは

代替事前確率形状 | 7
代替事前確率尺度 | 3

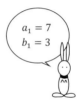

$a_1 = 7$
$b_1 = 3$

のようにパラメータを入力します．

● 成功のカテゴリ は 最初のカテゴリ を選択します．

あとは， OK ボタンをマウスでカチッ!!

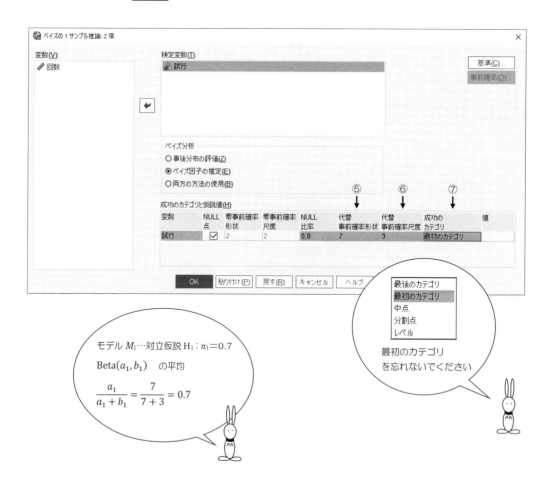

モデル $M_1 \cdots$ 対立仮説 $H_1 : \pi_1 = 0.7$

$\mathrm{Beta}(a_1, b_1)$ の平均

$$\frac{a_1}{a_1 + b_1} = \frac{7}{7+3} = 0.7$$

最後のカテゴリ
最初のカテゴリ
中点
分割点
レベル

最初のカテゴリ
を忘れないでください

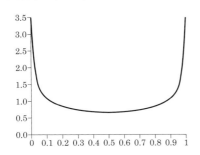

ところで…

【ベータ分布のグラフ】

- Beta(0.5, 0.5) のグラフ

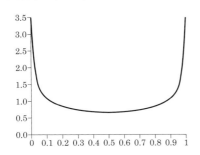

- Beta(1, 1) のグラフ

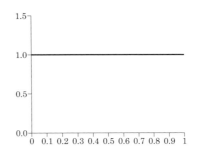

- Beta(2, 2) のグラフ

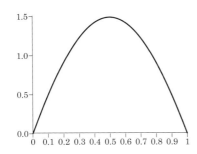

- Beta(5, 5) のグラフ

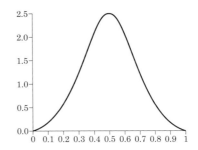

- Beta(8, 2) のグラフ

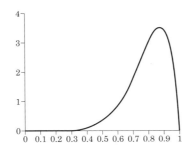

- Beta(7, 3) のグラフ

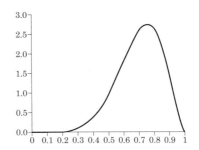

【SPSS による出力】 ―ベイズ因子の推定（Null 点を利用する場合）―

2 項比率の検定のベイズ因子

	成功カテゴリ	N	観測度数 成功数	比率	ベイズ因子
試行	= 成功	200	146	.730	.274

ベイズ因子: 帰無仮説 対 対立仮説。

 ②   ①   ③

● $a_1 = 6$, $b_1 = 4$ の場合のベイズ因子

2 項比率の検定のベイズ因子

	成功カテゴリ	N	観測度数 成功数	比率	ベイズ因子
試行	= 成功	200	146	.730	.366

● $a_1 = 5$, $b_1 = 5$ の場合のベイズ因子

2 項比率の検定のベイズ因子

	成功カテゴリ	N	観測度数 成功数	比率	ベイズ因子
試行	= 成功	200	146	.730	.762

● $a_1 = 4$, $b_1 = 6$ の場合のベイズ因子

2 項比率の検定のベイズ因子

	成功カテゴリ	N	観測度数 成功数	比率	ベイズ因子
試行	= 成功	200	146	.730	2.420

【出力結果の読み取り方】

← ① 標本比率

$$標本比率 = \frac{146}{200} = 0.73$$ $\longleftarrow \dfrac{成功数}{N}$

← ② ベイズ因子の説明

|帰無仮説|　対　|対立仮説|　なので

$$ベイズ因子 \ \Delta_{01} = \frac{\{ 帰無仮説 \ H_0 : \ \pi_0 = 0.8 \}}{\{ 対立仮説 \ H_1 : \ \pi_1 = 0.7 \}}$$

となります.

Δ_{01} は
SPSS の記号です

← ③ ベイズ因子の値

$$ベイズ因子 \ \Delta_{01} = \frac{\Pr(Y \mid H_0)}{\Pr(Y \mid H_1)} = 0.274 < \boxed{1}$$

ベイズ因子の評価は
p.18
を参照してください

したがって, 対立仮説 H_1 を支持しています.

Notations

π_0 : A population proportion parameter under the null hypothesis H_0.

　We assume that $\pi_0 \sim \text{Beta}(a_0, b_0)$.

π_1 : A population proportion parameter under the alternative hypothesis H_1.

　We assume that $\pi_1 \sim \text{Beta}(a_1, b_1)$.

3.3 ベイズ因子の推定（Null 点を利用しない場合）

【統計処理の手順】 —p.60 **手順 1** の続き—

手順 2 次の 2 項の場面になったら

試行 を 検定変数(T) の中へ移動

● ベイズ分析のところは

⦿ ベイズ因子の推定(E)

を選択します.

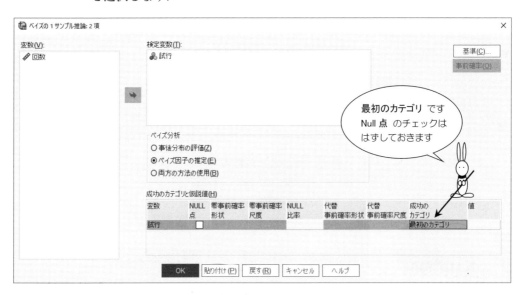

【分析の内容】—モデルの比較—

次の 2 つのモデルを比較します.

モデル $\boldsymbol{M}_0$ ⋯ 帰無仮説 H_0：成功率 $\pi_0 \sim \mathrm{Beta}(8,\ 2)$

モデル $\boldsymbol{M}_1$ ⋯ 対立仮説 H_1：成功率 $\pi_1 \sim \mathrm{Beta}(7,\ 3)$

手順 3 続いて，成功のカテゴリと仮説値（H）のところは

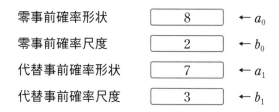

零事前確率形状	8	← a_0
零事前確率尺度	2	← b_0
代替事前確率形状	7	← a_1
代替事前確率尺度	3	← b_1

のようにパラメータを入力します．

あとは OK ボタンをマウスでカチッ!!

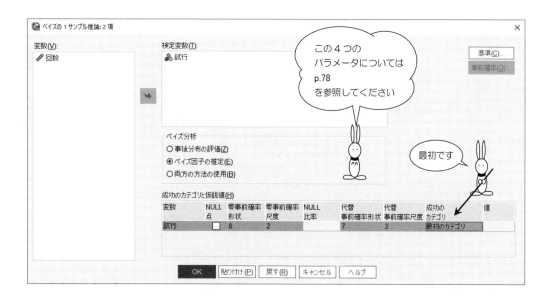

【SPSS による出力】 ―ベイズ因子の推定（Null 点を利用しない場合）―

| | 成功カテゴリ | N | 観測度数 | | ベイズ因子 |
			成功数	比率	
試行	= 成功	200	146	.730	.781

ベイズ因子: 帰無仮説 対 対立仮説。

②   ①   ③

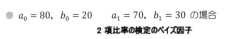

● $a_0 = 80$，$b_0 = 20$　　$a_1 = 70$，$b_1 = 30$ の場合

2 項比率の検定のベイズ因子

| | 成功カテゴリ | N | 観測度数 | | ベイズ因子 |
			成功数	比率	
試行	= 成功	200	146	.730	.428

● $a_1 = 800$，$b_0 = 200$　　$a_1 = 700$，$b_1 = 300$ の場合

2 項比率の検定のベイズ因子

| | 成功カテゴリ | N | 観測度数 | | ベイズ因子 |
			成功数	比率	
試行	= 成功	200	146	.730	.136

【出力結果の読み取り方】

← ① 標本比率

$$標本比率 = \frac{146}{200} = 0.73 \qquad\qquad \leftarrow \frac{成功の回数}{合\ \ 計}$$

← ② ベイズ因子の説明

$\boxed{帰無仮説}$ 対 $\boxed{対立仮説}$ なので

$$ベイズ因子 \ \Delta_{01} = \frac{\{帰無仮説\ H_0： \pi_0 \sim \mathrm{Beta}(8,\ 2)\}}{\{対立仮説\ H_1： \pi_1 \sim \mathrm{Beta}(7,\ 3)\}}$$

となります.

$$\frac{8}{8+2} = 0.8$$

$$\frac{7}{7+3} = 0.7$$

← ③ ベイズ因子の値

$$ベイズ因子 \ \Delta_{01} = \frac{\mathrm{Pr}(Y \mid H_0)}{\mathrm{Pr}(Y \mid H_1)} = 0.781 < \boxed{1}$$

したがって,対立仮説 H_1 を支持しています.

ベイズ因子の評価は
p.18
を参照してください

Bayes-factor Based on Beta-Binomial

$$\Delta_{01} = \frac{\mathrm{Pr}(Y \mid H_0)}{\mathrm{Pr}(Y \mid H_1)} = \frac{B(a_0+y, b_0+N_f-y)\,B(a_1,\ b_1)}{B(a_1+y, b_1+N_f-y)\,B(a_0, b_{10})}$$

3.4 事後分布の評価（事前の情報がない場合）

【統計処理の手順】　—p.60　手順 1 の続き—

手順 2　次の２項の画面になったら

試行　を　検定変数(T)　の中へ移動

● ベイズ分析のところは

⊙ 事後分布の評価(Z)

を選択します.

次に　事前確率(O)　をクリックします.

事前分布は
Uniform prior
$a = 1$, $b = 1$
とします

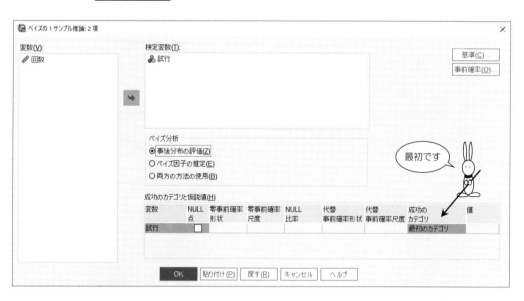

【分析の内容】—パラメーターの推定—

次のパラメータの区間推定をします.

成功率の上限と下限（確率95％）

手順 3 次の 事前確率 の画面になったら,

● 事前確率の種類

形状パラメータ(S)	1	← a
尺度パラメータ(A)	1	← b

と入力して, 続行

手順2の画面にもどったら

あとは OK ボタンをマウスでカチッ!!

Uniform prior
Beta (1, 1)

Beta Prior については
p.79 を
参照してください

Beta Prior

- $\pi \mid Y \sim \text{Beta}(a + y, b + N_f - y)$.

- Uniform prior, when $a = b = 1$,

- Jeffreys prior, when $a = b = 0.5$.

【SPSS による出力】 ―事後分布の評価（事前の情報がない場合）―

2 項推論の事後分布評価[a]

	事後分布			95% 信用区間	
	最頻値	平均値	変数	下限	上限
試行	.730	.728	.001	.664	.787

a. 2 項比率の事前確率: Beta(1, 1)。

①　　　　　②　　　　③

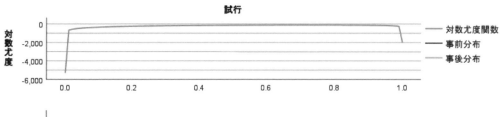

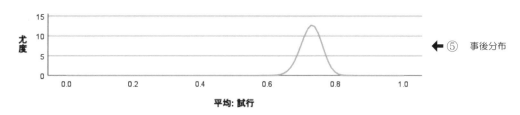

● Beta（2, 2）の場合

	事後分布			95% 信用区間	
	最頻値	平均値	変数	下限	上限
試行	.728	.725	.001	.662	.784

a. 2 項比率の事前確率: Beta(2, 2)。

【出力結果の読み取り方】

← ① 事前分布の説明

- 事前確率分布は Beta(1, 1) です.

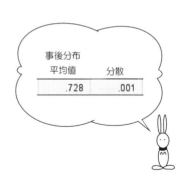

事後分布

平均値	分散
.728	.001

← ② 事後分布の平均と分散

- 平均　$\mathbb{E}(\pi \mid Y) = \dfrac{1 + 146}{1 + 1 + 200} = 0.728$

- 分散　$\mathbb{V}(\pi \mid Y) = \dfrac{(1 + 146) \times (1 + 200 - 146)}{(1 + 1 + 200)^2 \times (1 + 1 + 200 + 1)} = 0.001$

$V(\pi \mid Y)$ の計算は
p.79 を参照!

← ③ 95%信用区間

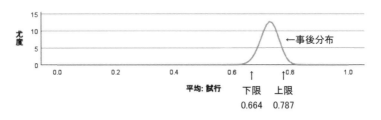

←事後分布

平均: 試行

下限　上限
0.664　0.787

成功率 $\pi_0 = 0.8$ が
信用区間に含まれていません

ベイズ因子の
結果と比べてみよう!

3.5 事後分布の評価（事前確率分布を利用する場合）

【統計処理の手順】 —p.60 **手順 ①** の続き—

手順 ② 次の2項の画面になったら

試行 を **検定変数(T)** の中へ移動

● ベイズ分析のところは

⊙ **事後分布の評価(Z)**

を選択します.

ここでは p.69 の
Beta（7, 3）を
事前確率分布として
利用します

次に **事前確率(O)** をクリックします.

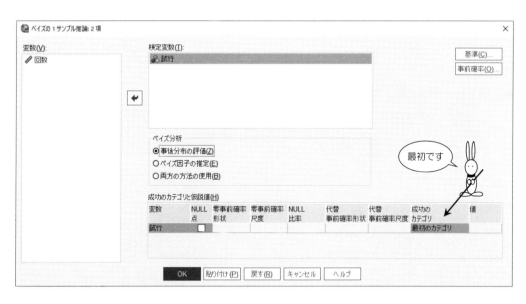

● 事前確認の種類

形状パラメータ(S)   [7   ]   ← a

尺度パラメータ(A)   [3   ]   ← b

のように，パラメータの値を入力し，[続行].

手順2の画面にもどったら，

あとは [OK] ボタンをマウスでカチッ*!!*

p.69 のベイズ因子の推定で
対立仮説 H_1：Beta（7，3）が
支持されたので
　形状パラメータ ＝ 7
　尺度パラメータ ＝ 3
としています

$a = 0.5$，$b = 0.5$ にすると
Jeffreys の事前分布になります
p.79 参照

【SPSS による出力】 ―事後分布の評価（事前確率分布を利用する場合）―

2 項推論の事後分布評価[a]

	事後分布			95% 信用区間	
	最頻値	平均値	変数	下限	上限
試行	.731	.729	.001	.667	.786

a. 2 項比率の事前確率: Beta(7, 3)。

　　　　　　↑　　　　　　　　↑　　　　　　　↑
　　　　　　①　　　　　　　　②　　　　　　　③

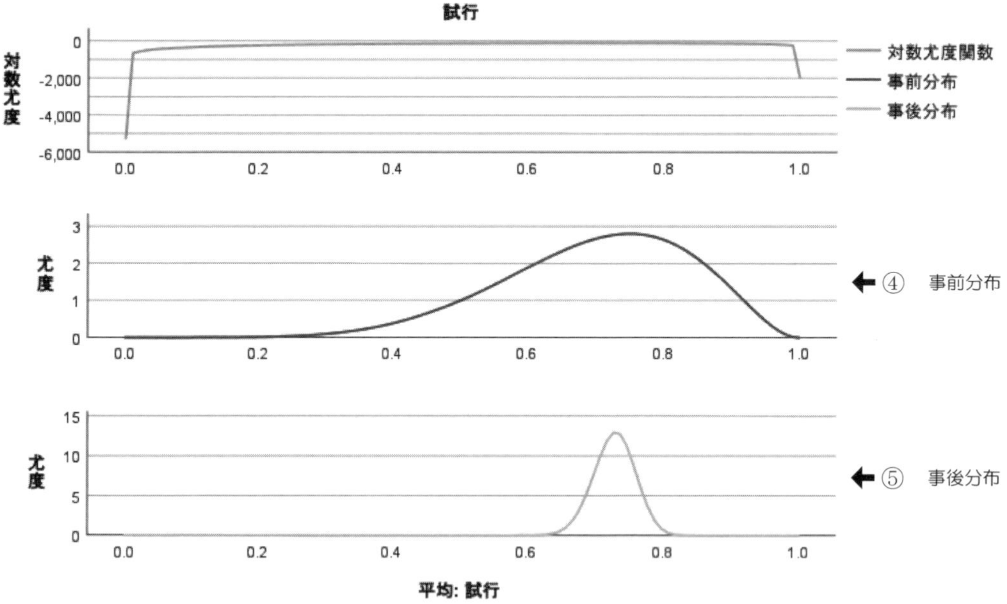

試行

対数尤度関数
事前分布
事後分布

← ④ 事前分布

← ⑤ 事後分布

平均: 試行

● パラメータが（70, 30）の場合

	事後分布			95% 信用区間	
	最頻値	平均値	変数	下限	上限
試行	.721	.720	.001	.668	.769

【出力結果の読み取り方】

← ① 事前分布の説明

● 事前分布は Beta(7, 3) です.

事後分布	
平均値	分散
.729	.001

← ② 事後分布の平均と分散

● 平均　$\mathbb{E}(\pi \mid Y) = \dfrac{7+146}{7+3+200} = 0.729$

● 分散　$\mathbb{V}(\pi \mid Y) = \dfrac{(7+146) \times (3+200-146)}{(7+3+200)^2 \times (7+3+200+1)} = 0.001$

V ($\pi \mid Y$) の計算は
p.79 を参照！

← ③ 95%信用区間

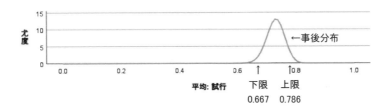

平均: 試行

下限	上限
0.667	0.786

←事後分布

成功率 $\pi_0 = 0.8$ が
信用区間に含まれていません

Notations

The following notations defined in this section will be used for the subsequent sections.

X : $X = (X_1, X_2, \cdots, X_N)$, a realization of Bernoulli trials with $p(X_i = 1) = \pi$ and $p(X_i = 0) = 1 - \pi$.

   X is observed by $x = (x_1, x_2, \cdots, x_N)$, where x_i is either 0 or 1. Note that we can handle any categorical variables with two different levels, either numeric (4 and 5) or string (Yes and No), which will be recoded to 0 or 1.

N : A total fixed number of cases (trials) in the data set.

f : $f(= f_1, f_2, \cdots, f_N)$, a frequency or replication weight for X. Non-integer frequency weights are rounded to the nearest integer. For values less than 0.5 or missing, the corresponding case will not be used.

N_f : $N_f = \sum_{i=1}^{N} f_i$. If there is no frequencies present, $N_f = N$.

Y : $Y = \sum_{i=1}^{N} f_i X_i \sim \text{Binomial}(N_f, \pi)$, where Y is observed by y.

π_0 : A population proportion parameter under the null hypothesis H_0. We assume that $\pi_0 \sim \text{Beta}(a_0, b_0)$.

π_1 : A population proportion parameter under the alternative hypothesis H_1. We assume that $\pi_1 \sim \text{Beta}(a_1, b_1)$.

Beta Prior

We place a conjugate prior placed on π by assuming that $\pi \sim \text{Beta}\,(a, b)$, where $a, b > 0$.

Under this setting, the marginal posterior distribution of π is

- $\pi \mid Y \sim \text{Beta}(a + y,\ b + N_f - y)$.

Note that this also applies to the following two special cases:

- Uniform prior, when $a = b = 1$,

- Jeffreys prior, when $a = b = 0.5$.

We may find the Bayes estimators of π by computing the expected value

$$E(\pi \mid Y) = \frac{a + y}{a + b + N_f}$$

and the variance of the marginal posterior distribution of $\pi \mid Y$

$$V(\pi \mid Y) = \frac{(a + y)(b + N_f - y)}{(a + b + N_f)^2\,(a + b + N_f + 1)}$$

第4章 1サンプルのポアソン分布

4.1 データの型とデータの入力

分析のメニューから

　　　　ベイズ統計　➡　1サンプルのポアソン分布

を選択すると

次のデータの型について，右ページのように

　　　　　● パラメータの推定

　　　　　● モデルの比較

をすることができます.

【データの型】

　データの型は，次のようになります.

表 4.1.1　データの型—パターン⑫—

属性	カテゴリ 1	カテゴリ 2	カテゴリ 3	合計
回数	m_1	m_2	m_3	N

母比率 λ

m_iはデータの個数です

【SPSS の出力】

● パラメータの推定

次のように，パラメータの区間推定をします．

ポアソン推論の事後分布評価[a]

	最頻値	平均値	変数	95% 信用区間	
				下限	上限
死亡兵士の数	.61	.61	.003	.51	.73

a. ポアソン比/強度の事前確率: Gamma(1, .00001)。

p.97 に解説があります

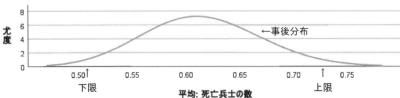

●モデルの比較

次のベイズ因子で，2つのモデルの比較をします．

ポアソン比検定のベイズ因子

	N	度数		Bayes Factor[a]
		最小値	最大値	
死亡兵士の数	200	0	4	.028

a. ベイズ因子: 帰無仮説 対 対立仮説。

p.89 に解説があります

したがって，ベイズ因子は

$$\text{ベイズ因子Bf}_{01} = \frac{\{帰無仮説 H_0\}}{\{対立仮説 H_1\}} = 0.028$$

となります

【データ】

　次のデータは，19世紀のプロシアにおいて，ある1年間に馬に蹴られて死亡した兵士の数とその軍団の数です．

表4.1.2　データ

死亡した兵士数 x	0	1	2	3	4	合計
1年間に兵士が x 人死亡した軍団の数	109	65	22	3	1	200

このデータの平均値は，次のようになります．

　　　　標本平均 = 0.61

このデータは
『入門はじめての統計解析』
2章§2.4と同じです

【分析の内容】

● パラメータの推定

　死亡率 λ を，確率95%で区間推定します．

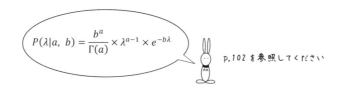

$$P(\lambda | a,\ b) = \frac{b^a}{\Gamma(a)} \times \lambda^{a-1} \times e^{-b\lambda}$$

p.102 を参照してください

● モデルの比較

　次の2つのモデルを比較します．

　　　　モデル $\boldsymbol{M}_0$　…　帰無仮説 H_0：死亡率 $\lambda_0 = 0.8$

　　　　モデル $\boldsymbol{M}_1$　…　対立仮説 H_1：死亡率 $\lambda_1 = 0.5$

【SPSS のデータ入力】

次のようにデータを入力します.

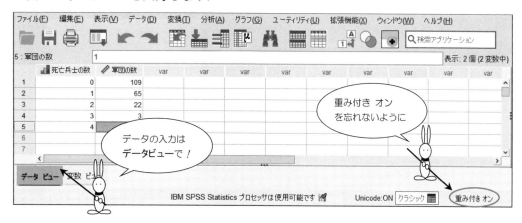

変数ビューは, 次のようになります.

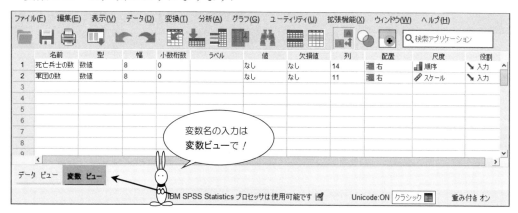

● ケースの重み付け

4.2 ベイズ因子の推定（Null 点を利用する場合）

【統計処理の手順】

手順① 分析のメニューから

ベイズ統計(Y) ➡ 1 サンプルのポアソン分布(P)

を選択します.

零事前確率形状	零事前確率尺度		代替事前確率形状	代替事前確率尺度
a_0	b_0		a_1	b_1
$\lambda_0 \sim$ Gamma (a_0, b_0)			$\lambda_1 \sim$ Gamma (a_1, b_1)	

← p.87 参照

手順② 次のポアソンの画面になったら

死亡兵士の数 を 検定変数(T) の中へ移動

● ベイズ分析のところは

⊙ ベイズ因子の推定(E)

を選択します.

次に，Null 点をチェックして

Null 率 0.8

と入力します.

Null ＝ 帰無

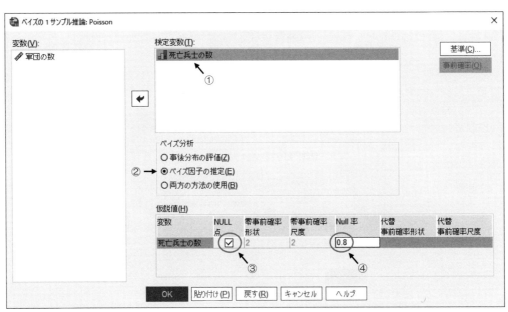

【分析の内容】 ―モデルの比較―

次の2つのモデルを比較します.

モデル $\boldsymbol{M}_0$ … 帰無仮説 H_0：死亡率 $\lambda_0 = 0.8$

モデル $\boldsymbol{M}_1$ … 対立仮説 H_1：死亡率 $\lambda_1 = 0.5$

手順 3 続いて，仮説値（H）の

代替事前確率形状 　　[　　　　　]　　← 50

代替事前確率尺度 　　[　　　　　]　　← 100

のところに

次のようにパラメータを入力します．

あとは，[OK]ボタンをマウスでカチッ!!

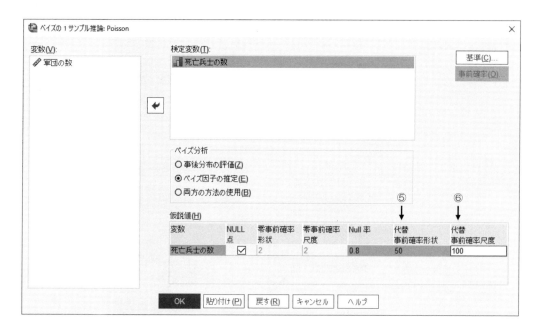

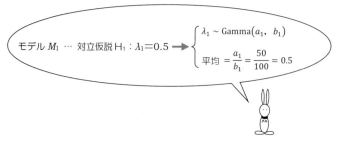

$$\text{モデル } M_1 \cdots \text{ 対立仮説 } H_1 : \lambda_1 = 0.5 \longrightarrow \begin{cases} \lambda_1 \sim \text{Gamma}(a_1, \ b_1) \\ \text{平均} = \dfrac{a_1}{b_1} = \dfrac{50}{100} = 0.5 \end{cases}$$

【仮説値のパラメータについて】

SPSS の Algorithms は，次のようになっています．

> λ_0：A population rate parameter under the null hypothesis H_0.
> We assume that $\lambda_0 \sim$ Gamma(a_0, b_0).
> λ_1：A population rate parameter under the alternative hypothesis H_1.
> We assume that $\lambda_1 \sim$ Gamma(a_1, b_1).

- Gamma (a_0, b_0) の平均と分散

$$\text{平均} = \frac{a_0}{b_0} \qquad \text{分散} = \frac{a_0}{b_0^2}$$

- Gamma (a_1, b_1) の平均と分散

$$\text{平均} = \frac{a_1}{b_1} \qquad \text{分散} = \frac{a_1}{b_1^2}$$

- 対立仮説 H_1 を

$$\lambda_1 = 0.5 \qquad \qquad \leftarrow \text{ポアソン分布の平均}$$

とすると，

$$(a_1, b_1) = (1,\ 2) \qquad \leftarrow \frac{a_1}{b_1} = \frac{1}{2} = 0.5$$

$$(a_1, b_1) = (5,\ 10) \qquad \leftarrow \frac{a_1}{b_1} = \frac{5}{10} = 0.5$$

$$(a_1, b_1) = (50,\ 100) \qquad \leftarrow \frac{a_1}{b_1} = \frac{50}{100} = 0.5$$

などが考えられます．

【SPSS による出力】 —ベイズ因子の推定（Null 点を利用する場合）—

ポアソン比検定のベイズ因子

	N	度数 最小値	度数 最大値	Bayes Factor[a]
死亡兵士の数	200	0	4	.028

a. ベイズ因子: 帰無仮説 対 対立仮説。

①（↑ N の列を指す）　②（↑ Bayes Factor の列を指す）

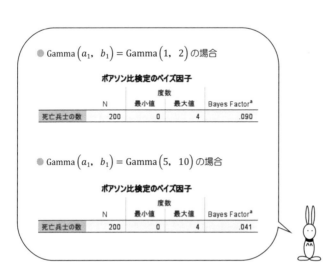

● Gamma $\left(a_1,\ b_1\right)$ = Gamma $\left(1,\ 2\right)$ の場合

ポアソン比検定のベイズ因子

	N	度数 最小値	度数 最大値	Bayes Factor[a]
死亡兵士の数	200	0	4	.090

● Gamma $\left(a_1,\ b_1\right)$ = Gamma $\left(5,\ 10\right)$ の場合

ポアソン比検定のベイズ因子

	N	度数 最小値	度数 最大値	Bayes Factor[a]
死亡兵士の数	200	0	4	.041

【出力結果の読み取り方】

← ① ベイズ因子の説明

$$\boxed{帰無仮説} \quad 対 \quad \boxed{対立仮説} \quad なので$$

●ベイズ因子 $\Delta_{01} = \dfrac{\{\ 帰無仮説\ H_0:\ \lambda_0 = 0.8\ \}}{\{\ 対立仮説\ H_1:\ \lambda_1 = 0.5\ \}}$

Δ_{01} は
SPSS の記号です

となります．

← ② ベイズ因子の値

●ベイズ因子 $\Delta_{01} = \dfrac{\Pr(Y \mid H_0)}{\Pr(Y \mid H_1)} = 0.028 < 1$

ベイズ因子の評価は
p.18
を参照してください

なので，対立仮説 H_1 を支持します．

Bayes-Factor Based on Gamma-Poisson Distribution
については p.102 を参照してください

4.3 ベイズ因子の推定（Null 点を利用しない場合）

【統計処理の手順】 —p.84 **手順 1** の続き—

手順 2 次のポアソンの画面になったら

　　　死亡兵士の数　を　検定変数（T）　の中へ移動

● ベイズ分析のところは

　　　⊙ ベイズ因子の推定（E）

● 仮説値（H）のところは

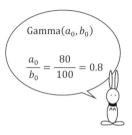

$$\text{Gamma}(a_0, b_0)$$
$$\frac{a_0}{b_0} = \frac{80}{100} = 0.8$$

　　　零時前確率形状　　　[80]

　　　零時前確率尺度　　　[100]

とします.

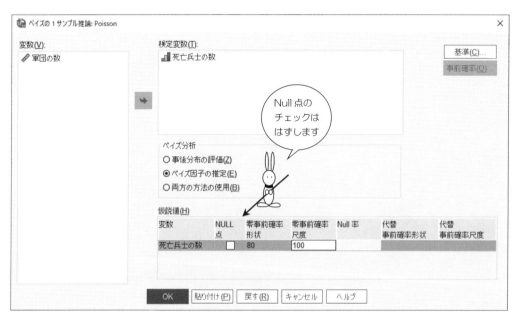

手順 ③ 続いて，仮説値(H) の

代替事前確率形状 ☐ ← 50

代替事前確率尺度 ☐ ← 100

のところに

次のようにパラメータを入力します.

あとは，OK ボタンをマウスでカチッ!!

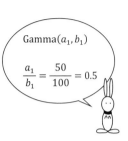

$$\text{Gamma}(a_1, b_1)$$

$$\frac{a_1}{b_1} = \frac{50}{100} = 0.5$$

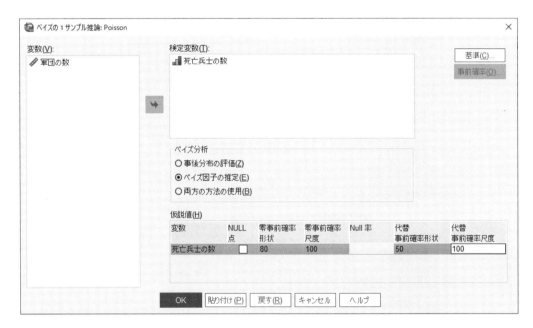

【分析の内容】

次の2つのモデルを比較します.

モデル M_0 … 帰無仮説 H_0：死亡率 $\lambda_0 = 0.8$ ～ Gamma(80, 100)

モデル M_1 … 帰無仮説 H_1：死亡率 $\lambda_1 = 0.5$ ～ Gamma(50, 100)

【SPSS による出力】 —ベイズ因子の推定（Null 点を利用しない場合）—

ポアソン比検定のベイズ因子

	N	度数		Bayes Factor[a]
		最小値	最大値	
死亡兵士の数	200	0	4	.422

a. ベイズ因子: 帰無仮説 対 対立仮説。

          ↑   ↑

          ①   ②

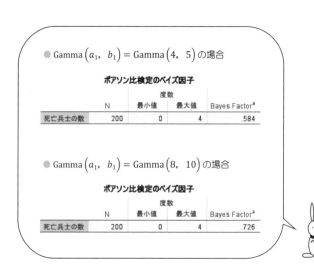

● Gamma $\left(a_1, \ b_1\right)$ = Gamma $\left(4, \ 5\right)$ の場合

ポアソン比検定のベイズ因子

	N	度数		Bayes Factor[a]
		最小値	最大値	
死亡兵士の数	200	0	4	.584

● Gamma $\left(a_1, \ b_1\right)$ = Gamma $\left(8, \ 10\right)$ の場合

ポアソン比検定のベイズ因子

	N	度数		Bayes Factor[a]
		最小値	最大値	
死亡兵士の数	200	0	4	.726

【出力結果の読み取り方】

← ① ベイズ因子の説明

$\boxed{\text{帰無仮説}}$ 対 $\boxed{\text{対立仮説}}$ なので

$$\bullet\ \text{ベイズ因子}\ \Delta_{01} = \frac{\{\ \text{帰無仮説 } H_0 :\ \lambda_0 = 0.8\ \}}{\{\ \text{対立仮説 } H_1 :\ \lambda_1 = 0.5\ \}}$$

Δ_{01} は
SPSS の記号です

となります.

← ② ベイズ因子の値

$$\bullet\ \text{ベイズ因子}\ \Delta_{01} = \frac{\Pr(Y \mid H_0)}{\Pr(Y \mid H_1)} = 0.422 < \boxed{1}$$

なので, 対立仮説 H_1 を支持しています.

ベイズ因子の評価は
p.18
を参照してください

Bayes-Factor Based on Gamma-Poisson Distribution

$$\Delta_{01} = \frac{\Pr(Y \mid H_0)}{\Pr(Y \mid H_1)} = \frac{b_0^{a_0}(b_1 + N_f)^{a_1+y}\,\Gamma(a_0+y)\,\Gamma(a_1)}{b_1^{a_1}(b_0 + N_f)^{a_0+y}\,\Gamma(a_1+y)\,\Gamma(a_0)}$$

4.4 事後分布の評価（事前の情報がない場合）

【統計処理の手順】 ―p.84 手順 1 の続き―

手順 2 次の ポアソン の画面になったら

死亡兵士の数 を 検定変数(T) の中へ移動

● ベイズ分析のところは

⊙ 事前分布の評価(Z)

を選択します.

次に, 事前確率(O) をクリックします.

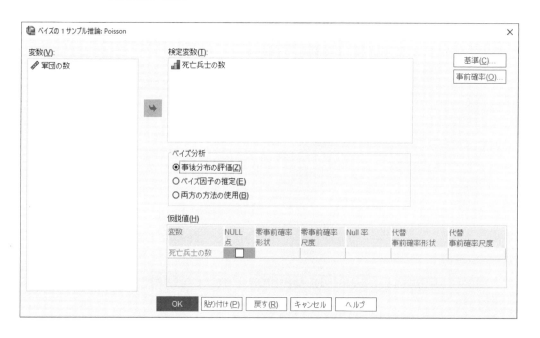

手順 3 次の事前確率の画面になったら,

● **事前確率の種類** のところに

形状パラメータ(S)	1
尺度パラメータ(A)	0.00001

と入力して, 続行 .

Uniform prior ＝ 一様分布

手順 2 の画面にもどったら

あとは OK ボタンをマウスでカチッ !!

SPSS の Default は B（2，2）です

【分析の内容】 ─パラメーターの推定─

次のパラメータの区間推定をします.

死亡率の下限と上限（確率 95%）.

【SPSS による出力】 ―事後分布の評価（事前の情報がない場合）―

ポアソン推論の事後分布評価[a]

	最頻値	平均値	変数	95% 信用区間	
				下限	上限
死亡兵士の数	.61	.61	.003	.51	.73

a. ポアソン比/強度の事前確率: Gamma(1, .00001)。

　　　　　　　↑　　　　　　　　　　↑　　　　　　　　　　　　　　　　　↑
　　　　　　　①　　　　　　　　　　②　　　　　　　　　　　　　　　　　③

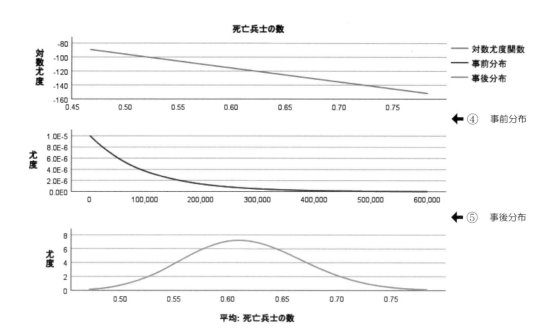

← ④　事前分布

← ⑤　事後分布

【出力結果の読み取り方】

← ① 事前分布の説明

　　　Gamma(1, 0) と入力できないので

　　　Gamma(1, 0.00001) としています.

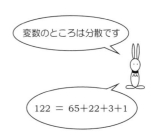

変数のところは分散です

$122 = 65+22+3+1$

← ② 事後分布の平均と分散

・平均　$\mathbb{E}(\lambda \mid \mathrm{Y}) = \dfrac{122+1}{200+0.00001} = 0.61$

・分散　$\mathbb{V}(\lambda \mid \mathrm{Y}) = \dfrac{122+1}{(200+0.00001)^2} = 0.003$

$\mathrm{V}(\lambda \mid Y)$ の計算は
p.103 を参照してください

← ③ 95%信用区間

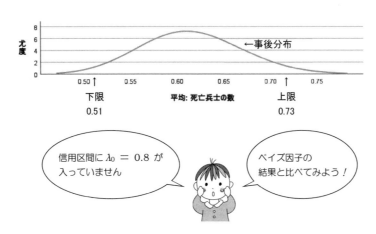

信用区間に $\lambda_0 = 0.8$ が
入っていません

ベイズ因子の
結果と比べてみよう！

4.5 事後分布の評価（事前確率分布を利用する場合）

【統計処理の手順】 ―p.84 **手順①** の続き―

手順② 次の ポアソン の画面になったら

死亡兵士の数 を 検定変数(T) の中へ移動

● ベイズ分析のところは,

◉ 事後分布の評価(Z)

を選択します.

次に 事前確率(O) をクリックします.

ここでは p.97 の
事後分布を
事前分布として
利用します

手順③ 次の 事前確率 の画面になったら

形状パラメータ 　[　　　　　　　]　← 124

尺度パラメータ 　[　　　　　　　]　← 203

のところに,

次のようにパラメータの値を入力し, [続行].

手順 2 の画面にもどったら,

あとは [OK] ボタンをマウスでカチッ!!

【SPSS による出力】 ―事後分布の評価（事前確率分布を利用する場合）―

ポアソン推論の事後分布評価[a]

	最頻値	平均値	変数	95% 信用区間	
				下限	上限
死亡兵士の数	.61	.61	.002	.54	.69

a. ポアソン比/強度の事前確率: Gamma(124, 203)。

①   ② ③

分散

.002

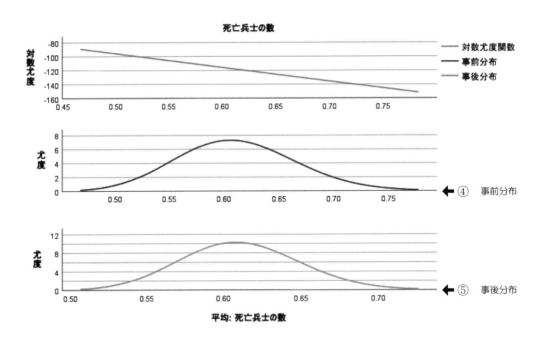

死亡兵士の数

④ 事前分布

⑤ 事後分布

平均: 死亡兵士の数

【出力結果の読み取り方】

←①　事前分布の説明

　　　　事前確率分布は Gamma(124, 203) です.

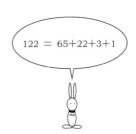

$122 = 65+22+3+1$

←②　事後分布の平均と分散

- 平均　$\mathbb{E}(\lambda \mid \mathrm{Y}) = \dfrac{122+124}{200+203} = 0.61$

- 分散　$\mathbb{V}(\lambda \mid \mathrm{Y}) = \dfrac{122+124}{(200+203)^2} = 0.002$

$\mathrm{V}(\lambda \mid Y)$ の計算は
p.103 を参照してください

←③　95%信用区間

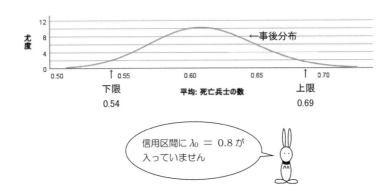

信用区間に $\lambda_0 = 0.8$ が
入っていません

● p.89 のアルゴリズム

Notations

The following notations defined in this section will be used for the subsequent sections.

X : $X = (X_1, X_2, \cdots, X_N)$, a random sample from Poisson distribution of mean λ, or $X_i \sim$ Poisson(λ).

     $X = 0, 1, 2, \cdots$, which takes a nonnegative integer.

N :   A total number of cases (events) in the data set.

f : $f (= f_1, f_2, \cdots, f_N)$, a frequency or replication weight for X. Non-integer frequency weights are rounded to the nearest integer. For values less than 0.5 or missing, the corresponding case will not be used.

N_f : $N_f = \sum_{i=1}^{N} f_i$. If there is no frequencies present, $N_f = N$.

Y : $Y = \sum_{i=1}^{N} f_i X_i \sim \text{Poisson}(N_f \lambda)$, where Y is observed by y. Note that Y is a sufficient statistic.

λ_0 :   A population rate parameter under the null hypothesis H_0. We assume that $\lambda_0 \sim$ Gamma (a_0, b_0).

λ_1 :   A population rate parameter under the alternative hypothesis H_1. We assume that $\lambda_1 \sim$ Gamma(a_1, b_1).

Bayes-Factor Based on Gamma-Poisson Distribution

Consider the probability density function for Gamma prior defined by

$$p(\lambda \mid a, b) = \frac{b^a}{\Gamma(a)} \lambda^{a-1} e^{-b\lambda}$$

where $a, b > 0$. If b_0 and b_1 are rate parameters, the Bayes factor based on the Gamma-Poisson distribution is

$$\Delta_{01} = \frac{\Pr(Y \mid H_0)}{\Pr(Y \mid H_1)} = \frac{b_0^{a_0} (b_1 + N_f)^{a_1 + y} \, \Gamma(a_0 + y) \, \Gamma(a_1)}{b_1^{a_1} (b_0 + N_f)^{a_0 + y} \, \Gamma(a_1 + y) \, \Gamma(a_0)}$$

where Γ is the gamma function defined by

$$\Gamma(k) = \int_0^{\infty} t^{k-1} e^{-t} dt$$

● p.95 のアルゴリズム

Uniform Prior

We place a reference prior on λ by assuming that $\lambda \sim \text{Uniform}(0, 1)$. Actually this prior follows a special case as discussed in the "Gamma Prior" section with $a_0 = 1$ and $b_0 = 0$. Under this setting, the marginal posterior distribution of λ is

- $\lambda \mid Y \, \text{Gamma}(a_N, b_N)$,

where $a_N = \sum_{i=1}^{N} f_i x_i + 1 = y + 1$, and $b_N = N_f$. We may find the Bayes estimators of λ by computing the expected value

$$\text{E}(\lambda \mid Y) = \frac{a_N}{b_N} = \frac{(y+1)}{N_f}$$

and the variance of the marginal posterior distribution of $\lambda \mid Y$

$$\text{V}(\lambda \mid Y) = \frac{a_N}{b_N^2} = \frac{(y+1)}{N_f^2}$$

● p.99 のアルゴリズム

Gamma Prior

We place a conjugate prior on λ by assuming that $\lambda \sim \text{Gamma}(a_0, b_0)$, where $a_0, b_0 > 0$, and b_0 is the rate parameter. The probability density function of the prior is thus

$$p(\lambda \mid a_0, b_0) = \frac{b_0^{a_0}}{\Gamma(a_0)} \lambda^{a_0 - 1} e^{-b_0 \lambda}$$

Under this setting, the marginal posterior distribution of λ is

- $\lambda \mid Y \sim \text{Gamma}(a_N, b_N)$,

where $a_N = \sum_{i=1}^{N} f_i x_i + a_0 = y + a_0$, and $b_N = N_f + b_0$. We may find the Bayes estimators of λ by computing the expected value

$$\text{E}(\lambda \mid Y) = \frac{a_N}{b_N}$$

and the variance of the marginal posterior distribution of $\lambda \mid Y$

$$\text{V}(\lambda \mid Y) = \frac{a_N}{b_N^2}$$

第5章 対応サンプルの正規分布

5.1 データの型とデータの入力

SPSS の分析メニューから

> ベイズ統計 ➡ 対応サンプルの正規分布

を選択すると，次ページのように

- パラメータの推定
- モデルの比較

をすることができます．

【データの型】

データの型は，次のようになります．

表 5.1.1 データの型―パターン⑥―

No	変数 x_1	変数 x_2
1	x_{11}	x_{21}
2	x_{12}	x_{22}
⋮	⋮	⋮
N	x_{1N}	x_{2N}
	↑	↑
	母平均 μ_1	母平均 μ_2

xij は
数値データです

● パラメータの推定

次のように，パラメータの区間推定をします．

対応サンプル平均値の差の事後分布評価

	N	事後分布			95% 信用区間	
		最頻値	平均値	分散	下限	上限
前の体重 - 後の体重	7	3.529	3.529	2.590	.369	6.688

分散の事前確率: Diffuse。平均の事前確率: Diffuse。

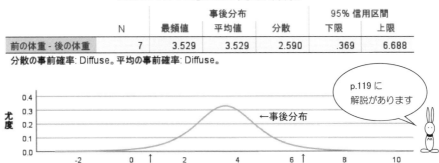

● モデルの比較

次のベイズ因子で，2つのモデルの比較をします．

	N	平均値の差	標準偏差	平均値の標準誤差	ベイズ因子
前の体重 - 後の体重	7	3.529	2.4581	.9291	.128

ベイズ因子: 帰無仮説 対 対立仮説。

したがって，ベイズ因子は

$$\text{ベイズ因子 Bf}_{01} = \frac{\{\text{帰無仮説} H_0\}}{\{\text{対立仮説} H_1\}} = 0.128$$

となります

p.111 に
解説があります

【データ】

次のデータは，ダイエットによる体重の変化を調べたものです．
ダイエットによって，体重は変化したのでしょうか？

表 5.1.2　データ

調査対象者	ダイエット前の体重	ダイエット後の体重
A さん	53.0	51.2
B さん	50.2	48.7
C さん	59.4	53.5
D さん	61.9	56.1
E さん	58.5	52.4
F さん	56.4	52.9
G さん	53.4	53.3

↑　標本平均 $\bar{x}_1$　　　　↑　標本平均 $\bar{x}_2$

このデータは
『SPSS による統計処理の手順』
4 章と同じです

【分析の内容】

● パラメータの推定

ダイエット前の体重とダイエット後の体重の差を
確率 95% で区間推定します．　　　　　　　　　　　←　下限 $\leq \mu_1 - \mu_2 \leq$ 上限

● モデルの比較

次の 2 つのモデルを比較します．

モデル $\boldsymbol{M}_0$ … 帰無仮説 H_0：体重は変化しない　　←　$\mu_1 - \mu_2 = 0$

モデル $\boldsymbol{M}_1$ … 対立仮説 H_1：体重は変化する　　←　$\mu_1 - \mu_2 \neq 0$

【SPSS のデータ入力】

次のようにデータを入力します.

変数ビューは次のようになっています.

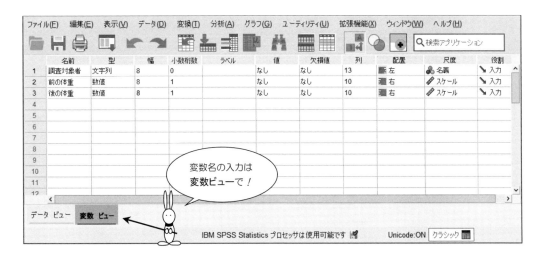

5.2 ベイズ因子の推定（母分散が未知の場合）

【統計処理の手順】

手順 1 分析のメニューから

　　　　ベイズ統計(Y) ➡ 対応サンプルの正規分布(R)

を選択します.

英語版では
次のようになっています
Bayes statistics
　→Related Sample Normal

次の ベイズの対応サンプル推論：正規 の画面になったら

前の体重 を 対応のある変数1 の中へ移動

後の体重 を 対応のある変数2 の中へ移動

● ベイズ分析 のところは

⊙ ベイズ因子の推定(E)

を選択します.

あとは, OK ボタンをマウスでカチッ!!

【分析の内容】 ―モデルの比較―

次の2つのモデルを比較します.

モデル M_0 …帰無仮説 H_0：ダイエットの前と後で差はない ← $\mu_1 - \mu_2 = 0$

モデル M_1 …対立仮説 H_1：ダイエットの前と後で差がある ← $\mu_1 - \mu_2 \neq 0$

【SPSS による出力】　―ベイズ因子の推定（母分散が未知の場合）―

対応サンプルの t 検定のベイズ因子

	N	平均値の差	標準偏差	平均値の標準誤差
前の体重 - 後の体重	7	3.529	2.4581	.9291

②
↓

	ベイズ因子	t 値	自由度	有意確率 (両側)
前の体重 - 後の体重	.128	3.798	6	.009

ベイズ因子: 帰無仮説 対 対立仮説。

↑
①

Bayes Factor for One-Sample and Two-Sample Paired t-Test with Unknown Variance

Suppose $Xi \overset{iid}{\sim}$ Normal$(\mu,\ \sigma_x^2)$, $i = 1, 2, \ldots, N$, where σ_x^2 is unknown, and we are interested in testing the null hypothesis $H_0 : \mu = 0$ versus the alternative hypothesis $H_1 = \mu \neq 0$. We assume that $\mu \sim$ Normal$(\mu_0,\ \psi^2)$ and $p(\sigma^2) = 1/\sigma^2$.

the Bayes factor for one-sample t-test with the JZS prior is

$$B_{01} = \frac{\left(1 + \dfrac{t^2}{v}\right)^{-(v+1)/2}}{\displaystyle\int_0^\infty (1 + Wg)^{-1/2}\left(1 + \dfrac{t^2}{(1+Wg)v}\right)^{-(v+1)/2}(2\pi)^{-1/2}g^{-3/2}e^{-1/(2g)}dg}$$

【出力結果の読み取り方】

← ① ベイズ因子の説明

$\boxed{\text{帰無仮説}}$ 対 $\boxed{\text{対立仮説}}$ なので

● ベイズ因子 $B_{01} = \dfrac{\{\text{帰無仮説 } H_0: \mu_1 - \mu_2 = 0\}}{\{\text{対立仮説 } H_1: \mu_1 - \mu_2 \neq 0\}}$

となります.

B$_{01}$は
SPSS の記号です

$\bar{x} = \bar{x}_1 - \bar{x}_2$

← ② ベイズ因子の値

● $B_{01} = \dfrac{\Pr(\bar{x} \mid \mu_1 - \mu_2 = 0)}{\Pr(\bar{x} \mid \mu_1 - \mu_2 \neq 0)} = 0.128 < \boxed{1}$

ベイズ因子の評価は
p.18 を
参照してください

なので,対立仮説 H_1 を支持します.

つまり,ダイエットによって体重は変化しています.

Mathematica によるベイズ因子の計算

ベイズ因子（対応サンプルの正規分布）

```
t : = 3.798;
w : = 7;
n : = 7;
v : = 6;
```

$$N\left[\left(1 + \frac{t^2}{v}\right)^{-\frac{v+1}{2}} \Big/ \text{NIntegrate}\left[\right.\right.$$

$$\left.\left[(1 + w * g)^{-0.5} * \left(1 + \frac{t^2}{(1 + w * g) * v}\right)^{-\frac{v+1}{2}} * (2 * \pi)^{-0.5} * g^{-1.5} * e^{-\frac{1}{2*g}}, \{g, 0, \text{Infinity}\}\right], 20\right]$$

= 0.127698

5.3 ベイズ因子の推定（母分散が既知の場合）

表 5.1.2 のデータを使って

　　　事後分布の評価（事前の情報が無い場合）　← p.116

をおこなうと

　　● 事後分布の平均 = 3.529

　　● 事後分布の分散 = 2.590　　　　　　　　　← p.118

になります．

> 既知の分散の値は
> 研究者にまかされています

　そこで，この事後分布の分散を

　　● 既知の分散 = 2.590

として，ベイズ因子の推定をしてみましょう．

.

【分析の内容】 ―モデルの比較―

次の 2 つのモデルを比較します（母分散が既知の場合）

　　モデル M_0　…　帰無仮説 H_0：ダイエットの前と後で差はない

　　モデル M_1　…　対立仮説 H_1：ダイエットの前と後で差がある

> ダイエット前の母平均 $= \mu_1$
> ダイエット後の母平均 $= \mu_2$

$$差 = \underset{前}{\mu_1} - \underset{後}{\mu_2}$$

【統計処理の手順】 ― p.109 **手順 2** の続き―

手順 3 母分散が既知のときは

　　　　　　データ分散と仮説値（H）のところで

　　　　● 既知の分散　□　にチェック

$x_1 - x_2$ の分散

　　　　● 分散値のところは

　　　　　　分散値　2.590

　　　と入力します．

　　　あとは，　OK　ボタンをマウスでカチッ!!

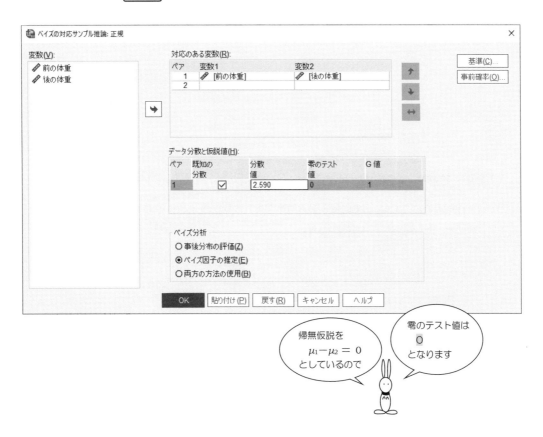

帰無仮説を
$\mu_1 - \mu_2 = 0$
としているので

零のテスト値は
0
となります

【SPSS による出】 —ベイズ因子の推定（母分散が既知の場合）—

対応サンプルの t 検定のベイズ因子

	N	平均値の差	標準偏差	平均値の標準誤差	ベイズ因子
前の体重 - 後の体重	7	3.529	2.4581	.9291	.000

②

	t 値	自由度	有意確率 (両側)
前の体重 - 後の体重	3.798	6	.009

ベイズ因子: 帰無仮説 対 対立仮説。

①

Bayes Factor for One-Sample and Two-Sample Paired *t*-Test with Known Variance

We can use the sufficient statistic $\overline{X}$ to formulate the Bayes factor under this setting

$$B_{01} = \frac{\Pr(\bar{x} \mid \mu = \mu_0)}{\Pr(\bar{x} \mid \mu \neq \mu_0)}$$

$$= \frac{(2\pi\sigma_x^2/W)^{-1/2} \exp\left[\dfrac{1}{2}(\bar{x}-\mu_0)^2/(\sigma_x^2/W)\right]}{(2\pi(\psi^2+\sigma_x^2/W))^{-1/2} \exp\left[\dfrac{1}{2}(\bar{x}-\mu_0)^2/(\psi^2+\sigma_x^2/W)\right]}$$

$$= \sqrt{1+Wg} \exp\left[-\frac{1}{2}(\bar{x}-\mu_0)^2(\sigma_x^2)^{-1}W(1+1/(Wg))^{-1}\right]$$

where μ_0, $\sigma_x^2 > 0$ and $g > 0$ are specified a priori by users.

【出力結果の読み取り方】

← ① ベイズ因子の説明

$\bar{x} = \bar{x}_1 - \bar{x}_2$

　 帰無仮説 　対 　対立仮説 　なので

　　　● ベイズ因子 $B_{01} = \dfrac{\{帰無仮説 H_0 : \mu_1 - \mu_2 = 0\}}{\{対立仮説 H_1 : \mu_1 - \mu_2 \neq 0\}}$

B_{01} は SPSS の記号です

となります.

← ② ベイズ因子の値

　　　　● ベイズ因子 $B_{01} = \dfrac{\Pr(\mathrm{x} \mid \mu_1 - \mu_2 = 0)}{\Pr(\mathrm{x} \mid \mu_1 - \mu_2 \neq 0)} = 0.000 < \boxed{1}$

なので,対立仮説 H_1 を支持しています.

つまり,

　　　ダイエットによって体重は変化している

ことがわかります.

ベイズ因子の評価は p.18 を 参照してください

5.4 事後分布の評価（事前の情報がない場合）

【統計処理の手順】 ― p.108 手順 1 の続き

手順 2 次の正規の画面になったら

　　　　前の体重 を 対応のある変数 1 へ移動

　　　　後の体重 を 対応のある変数 2 へ移動

　　● ベイズ分析のところは

　　　　⊙ 事後分布の評価(Z)

　　を選択します.

　　　　次に 事前確率(O) をクリックします.

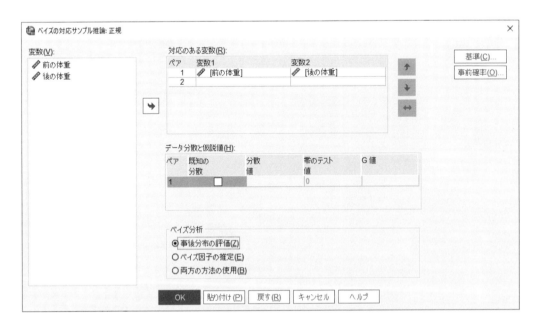

手順 ③ 次の事前確率の画面になったら

- 分散 / 精度の事前確率のところは

  | 拡散 |

  を選択します

- 指定された分散 / 精度の平均の事前確率のところは

  ○正規（N）　　◉拡散（D）

  を選択し，| 続行 |.

手順 2 の画面にもどったら

あとは | OK | ボタンをマウスでカチッ !!

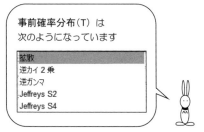

【分析の内容】　―パラメーターの推定―

次のパラメータの区間推定をします.

ダイエット前と後の差の下限と上限（確率 95%）.

【SPSSによる出力結果】 —事後分布の評価（事前の情報がない場合）—

対応サンプル平均値の差の事後分布評価

	N	事後分布			95% 信用区間	
		最頻値	平均値	分散	下限	上限
前の体重 - 後の体重	7	3.529	3.529	2.590	.369	6.688

分散の事前確率: Diffuse。平均の事前確率: Diffuse。

①　　　　　　　　　　　②　　　　　　　　③

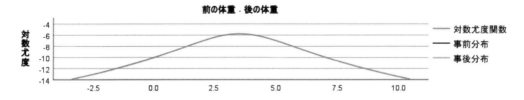

前の体重 - 後の体重

← ④　事前分布

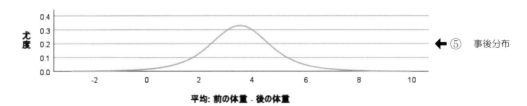

← ⑤　事後分布

平均: 前の体重 - 後の体重

$$0.369 \leq \mu_1 - \mu_2 \leq 6.688$$
$$\mu_1 - \mu_2 > 0$$
$$\mu_1 > \mu_2$$

【出力結果の読み取り方】

← ① 事前分布の説明

- 分散の事前確率分布 ⋯ Diffuse
- 平均の事前確率分布 ⋯ Diffuse

← ② 事後分布の平均と分散

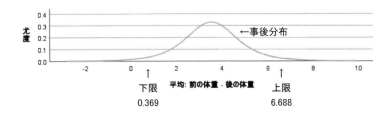

この平均・分散の計算は
p.128 を参照にしてください

- 平均 $\mathbb{E}(\mu_x \mid X) = \dfrac{24.7}{7} = 3.529$

- $\sigma_n^2 = \dfrac{1}{7 \times (7-3)} \times (7-1) \times 6.042 = 1.295$

- 分散 $\mathbb{V}(\mu_x \mid X) = \dfrac{7-3}{(7-3)-2} \times 1.295 = 2.590$

← ③ 95％信用区間

尤度

←事後分布

平均: 前の体重 - 後の体重

下限
0.369

上限
6.688

信用区間に 0 $(= \mu_1 - \mu_2)$ が含まれていないので

　　ダイエット前の体重 ＞ ダイエット後の体重

となります.

5.5 事後分布の評価（事前確率分布を利用する場合）

【統計処理の手順】 — p.116 **手順 2** の続き—

手順 3 次の 正規事前確率 の画面になったら

● 分散 / 精度の事前確率 のところは

⦿ 分散（N）　　○ 精度（P）

● 事前確率分布（T）のところは

　　 逆カイ 2 乗

を選択し,

次のようにパラメータを入力します.

ここでは p.118 の事後分布を
事前分布として利用します
p.112 も参照

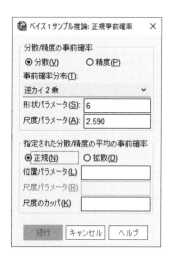

事後分布の評価
　（事前の情報がない場合）
をおこなうと
　分散 ＝ 2.590
になります　→p.118

6 ＝ 7−1

● 指定された分散 / 精度の平均の事前確率 のところは

⊙ 正規（N）　　○ 拡散（D）

を選択します．

次のようにパラメータを入力したら，| 続行 |．

手順 2 の画面に戻ったら　　　　　　　　　　　　　　←手順 2 は p.116

あとは | OK | ボタンをマウスでカチッ!!

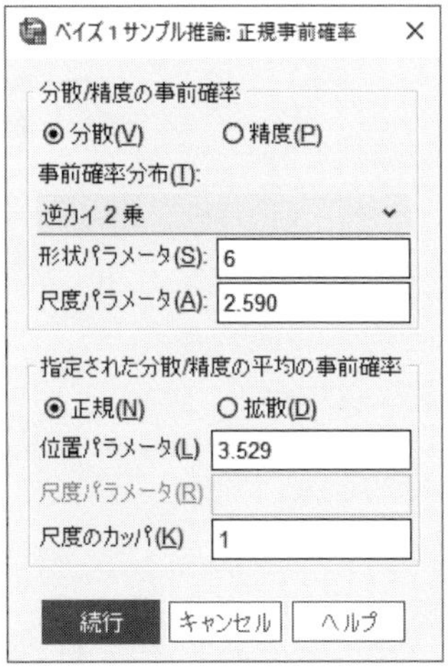

ベイズ 1 サンプル推論: 正規事前確率　　✕

分散/精度の事前確率
⊙ 分散(V)　　○ 精度(P)
事前確率分布(T):
逆カイ 2 乗　　　　　　　　　∨
形状パラメータ(S): 6
尺度パラメータ(A): 2.590

指定された分散/精度の平均の事前確率
⊙ 正規(N)　　○ 拡散(D)
位置パラメータ(L) 3.529
尺度パラメータ(R)
尺度のカッパ(K) 1

| 続行 |　| キャンセル |　| ヘルプ |

> 事後分布の評価
> （事前の情報がない場合）
> をおこなうと
> 平均 ＝ 3.529
> になります　→p.118

【分析の内容】　―パラメーターの推定―

次のパラメータの区間推定をします．

ダイエット前と後の差の下限と上限（確率 95％）．

【SPSS による出力】 ―事後分布の評価（事前確率分布を利用する場合）―

対応サンプル平均値の差の事後分布評価

	N	事後分布			95% 信用区間	
		最頻値	平均値	分散	下限	上限
前の体重 - 後の体重	7	3.529	3.529	.589	2.004	5.053

分散の事前確率: Inverse Chi-Square。平均の事前確率: Normal。

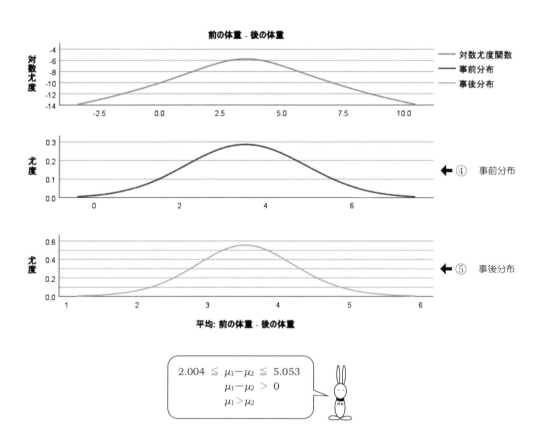

2.004 ≦ $\mu_1 - \mu_2$ ≦ 5.053
$\mu_1 - \mu_2 > 0$
$\mu_1 > \mu_2$

【出力結果の読み取り方】

← ① 事前分布の説明

         ● 分散の事前分布　…　逆カイ2乗分布

         ● 平均の事前分布　…　正規分布

この平均・分散の計算は p.129 を参照にしてください

← ② 事後分布の平均と分散

● 平均　$\mathbb{E}(\mu_x \mid X) = 3.529 \times \dfrac{1}{8} + 3.529 \times \dfrac{7}{8} = 3.529$

$$\sigma_n^2 = \dfrac{1}{6+7}\left(6 \times 2.590 + (7-1) \times 6.042 + 7 \times \dfrac{1}{8}(3.529 - 3.529)^2\right)$$

$$= 3.984$$

● 分散　$\mathbb{V}(\mu_x \mid X) = \dfrac{6+7}{(6+7-2) \times 1} \times \sigma_n^2 = 0.589$

← ③ 95％信用区間

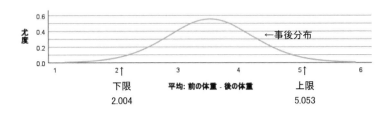

信用区間に $\boxed{0}$ $(= \mu_1 - \mu_2)$ が含まれていないので

    ダイエット前の体重 ＞ ダイエット後の体重

となります.

【統計処理の手順】 — p.116 手順 2 の続き—

分散の値は研究者に
まかされています

手順 3 母分散が既知のときは

データ分散と仮説値(H) のところで

● 既知の分散 □ にチェック

● 分散値 のところは

分散値 2.590

と入力します.

次に 事前確率(O) をクリックします.

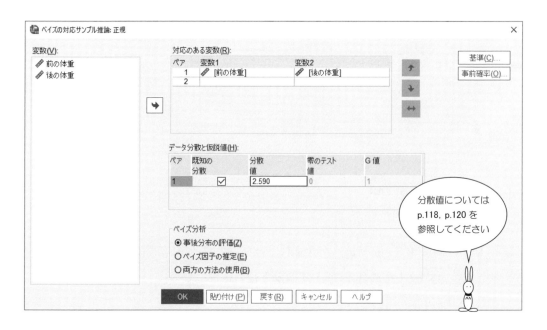

手順④ 次の正規事前確率の画面になったら

- 指定された分散／精度の平均の事前確率のところで

⊙拡散（D）

を選択します．そして，続行.

手順3の画面にもどったら

あとは OK ボタンをマウスでカチッ!!

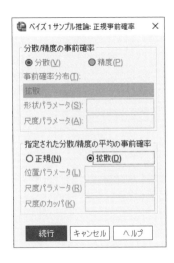

Diffuse Prior with Known Variance については p.129 を参照してください

Diffuse Prior with Known Variance

- $\mu_x \mid (X, \sigma_x^2) \sim \text{Normal}(\bar{x}, \sigma_x^2/W)$

【SPSS による出力】 —事後分布の評価（母分散が既知の場合）—

対応サンプル平均値の差の事後分布評価

| | N | 事後分布 | | 分散 | 95% 信用区間 | |
		最頻値	平均値		下限	上限
前の体重 - 後の体重	7	3.529	3.529	.370	2.336	4.721

分散の事前確率: Diffuse。平均の事前確率: Diffuse。

① ② ③

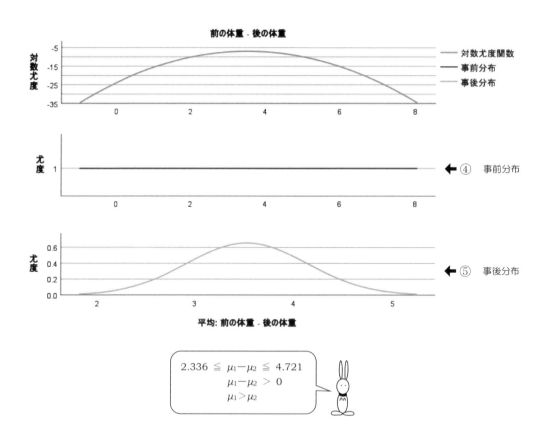

$$2.336 \leq \mu_1 - \mu_2 \leq 4.721$$
$$\mu_1 - \mu_2 > 0$$
$$\mu_1 > \mu_2$$

【出力結果の読み取り方】

← ①　事前分布の説明

● 分散の事前確率分布　…　Diffuse

● 平均の事前確率分布　…　Diffuse

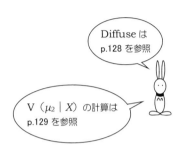

← ②　事後分布の平均と分散

● 平均　$\mathbb{E}(\mu_x \mid X) = 3.529$

● 分散　$\mathbb{V}(\mu_x \mid X) = \dfrac{2.590}{7} = 0.370$

← ③　95%信用区間

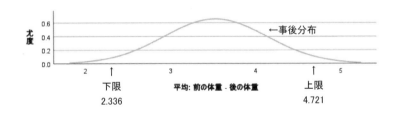

Diffuse Priors

We assume and place the diffuse priors

- $p(\sigma_x^2) \propto 1$

- $p(\mu_x \mid \sigma_x^2) \propto 1$, where both μ_x and σ_x^2 have a flat prior.

Under this setting, the marginal posterior distributions are

- $\sigma_x^2 \mid X \sim \text{Inverse-Gamma}(a_n, \beta_n)$

- $\mu_x \mid X \sim t_{v_n}(\bar{x}, \sigma_x^2)$,

where $a_n = \dfrac{W-3}{2}$, $\beta_n = \dfrac{2}{\sum_{i=1}^{N} w_i(x_i - \bar{x})^2}$, $v_n = W-3$,

and $\sigma_n^2 = \dfrac{1}{W(W-3)} \sum_{i=1}^{N} w_i(x_i - \bar{x})^2$

We may find the Bayes estimators of μ_x by computing the mode

$$\hat{\mu}_x = \bar{x}$$

the expected value

$$E(\mu_x \mid X) = \bar{x}$$

and the variance of the marginal posterior distribution of $\mu_x \mid X$

$$V(\mu_x \mid X) = \dfrac{v_n}{v_n - 2} \sigma_n^2$$

1 サンプルの正規分布と
対応サンプルの正規分布は
同じです

$x \leftrightarrow x_1 - x_2$

Normal-Inverse Chi-Square Priors

We assume and place the following priors

- $\sigma_x^2 \sim \text{Inverse-}\chi^2(\nu_0, \sigma_0^2)$

- $\mu_x \mid \sigma_x^2 \sim \text{Normal}(\mu_0, \dfrac{1}{\kappa_0} \sigma_x^2)$

where σ_x^2 is conditioned on, and scaled by κ_0 ($\kappa_0 > 0$, and $\kappa_0 = 1$ by default). Note that ν_0, σ_0^2, μ_0, and κ_0 are specified by users. Under this setting, the marginal posterior distributions are

- $\sigma_x^2 \mid X \sim \text{Inverse-}\chi^2(\nu_n, \sigma_n^2)$

- $\mu_x \mid X \sim t_{\nu_n}(\mu_0, \dfrac{1}{\kappa_n} \sigma_n^2)$

where $\nu_n = \nu_0 + W$, $\kappa_n = \kappa_0 + W$, $\mu_n = \mu_0 \dfrac{\kappa_0}{\kappa_n} + \bar{x} \dfrac{W}{\kappa_n}$,

and $\sigma_n^2 = \dfrac{1}{\nu_n} (\nu_0 \sigma_0^2 + \sum_{i=1}^N w_i (x_i - \bar{x})^2 + W \dfrac{\kappa_0}{\kappa_n} (\bar{x} - \mu_0)^2)$

We may find the Bayes estimators of μ_x by computing the mode

$$\hat{\mu}_x = \mu_n$$

the expected value

$$\text{E}(\mu_x \mid X) = \mu_n$$

and the variance of the marginal posterior distribution of $\mu_x \mid X$

$$\text{V}(\mu_x \mid X) = \dfrac{\nu_n \sigma_n^2}{(\nu_n - 2)\kappa_n}$$

- p.125 のアルゴリズム

Diffuse Prior with Known Variance

We assume that the variance parameter σ_x^2 is known, and place a frat prior on μ_x by assuming that $p(\mu_x) \propto 1$. Under this setting, the marginal posterior distribution of μ_x is

- $\mu_x \mid (X, \sigma_x^2) \sim \text{Normal}(\bar{x}, \sigma_x^2/W)$

We may find the Bayes estimators of μ_x by computing the mode

$$\hat{\mu}_x = \bar{x}$$

the expected value

$$\text{E}(\mu_x \mid X) = x$$

and the variance of the marginal posterior distribution of $\mu_x \mid X$

$$\text{V}(\mu_x \mid X) = \sigma_x^2/W$$

第6章 独立サンプルの正規分布

6.1 データの型とデータの入力

SPSS の分析メニューから

ベイズ統計 ➡ 独立サンプルの正規分布

を選択すると，右ページのように

● パラメータの推定

● モデルの比較

をすることができます．

【データの型】

データの型は，次のようになります．

表 6.1.1 データの型 ―パターン② ―

グループ A_1		グループ A_2	
No	変数 x	No	変数 x
1	x_{11}	1	x_{21}
2	x_{12}	2	x_{22}
⋮	⋮	⋮	⋮
N_1	x_{1N_1}	N_2	x_{2N_2}

↑ 母平均 μ_1　　　　↑ 母平均 μ_2

xij は
数値データです

【SPSS の出力例】

● パラメータの推定

次のように，パラメータの区間推定をします．

独立サンプル平均値の事後分布評価[a]

	事後分布			95% 信用区間	
	最頻値	平均値	分散	下限	上限
イワナの体長	33.58	33.58	572.070	-14.15	81.31

a. 分散の事前確率: Diffuse。平均の事前確率: Diffuse。

p.143 に
解説があります

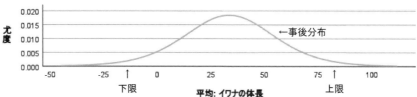

● モデルの比較

次のベイズ因子で，2つのモデルの比較をします．

ベイズ因子独立サンプルの検定 (方法 = Rouder)[a]

	平均値の差	プールされた差の標準誤差	ベイズ因子[b]	t値	自由度	有意確率 (両側)
イワナの体長	33.58	19.026	.977	1.765	18	.095

a. グループ間で不等分散を仮定します。
b. ベイズ因子: 帰無仮説 対 対立仮説。

したがって，ベイズ因子は

$$\text{ベイズ因子Bf}_{01} = \frac{\{帰無仮説H_0\}}{\{対立仮説H_1\}} = 0.977$$

となります

p.139 に
解説があります

【データ】

次のデータは，利根川水系のイワナ 12 匹の体長と，
信濃川水系のイワナ 8 匹の体長の測定結果です．

利根川水系と信濃川水系とで，イワナの体長に差があるのでしょうか？

表 6.1.2 データ

No	利根川水系	No	信濃川水系
1	165	1	180
2	130	2	180
3	182	3	235
4	178	4	270
5	194	5	240
6	206	6	285
7	160	7	164
8	122	8	152
9	212		↑
10	165		標本平均 $\bar{x}_2$
11	247		
12	195	← 標本平均 $\bar{x}_1$	

Attention Please!

差＝信濃川－利根川

このデータは
『入門はじめての統計解析』
4 章 §4.5 と同じです

【分析の内容】

● パラメータの推定

利根川水系と信濃川水系のイワナの体長の差を
確率 95 ％で区間推定します．   ← 下限 $\leq \mu_2 - \mu_1 \leq$ 上限

● モデルの比較

次の 2 つのモデルを比較します．

  モデル $\boldsymbol{M}_0$ … 帰無仮説 H_0：イワナの体長に差はない   ← $\mu_2 = \mu_1$

  モデル $\boldsymbol{M}_1$ … 帰無仮説 H_1：イワナの体長に差がある   ← $\mu_2 \neq \mu_1$

【SPSS のデータ入力】

次のようにデータを入力します.

変数ビューは,次のようになっています.

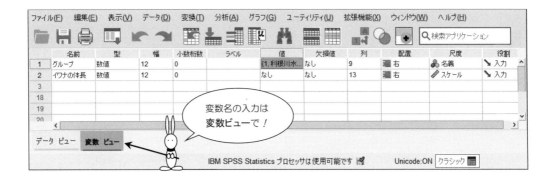

【統計処理の手順】

手順 1 分析のメニューから

ベイズ統計(Y) ➡ 独立サンプルの正規分布(I)

を選択します.

英語版では
次のようになっています
Bayes statistics
　→Independent Sample Normal

手順② 次のベイズ独立サンプル推論の画面になったら

イワナの体長 を 検定変数(T) の中へ移動

グループ を グループ化変数(O) の中へ移動

続いて，グループの定義(G) をクリックします．

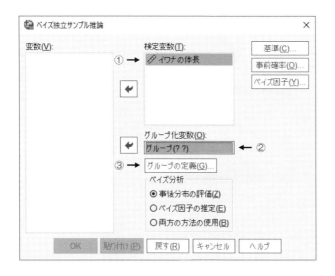

手順③ 次の グループの定義 の画面になったら

グループの値を入力して，続行 ．

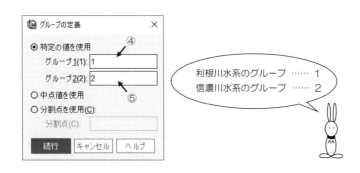

利根川水系のグループ …… 1
信濃川水系のグループ …… 2

手順 4 次の画面にもどったら

● ベイズ分析のところで.

⊙ ベイズ因子の推定(E)

を選択します.

次に, ベイズ因子(Y) をクリック.

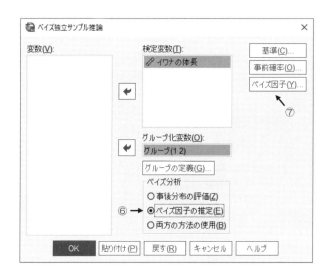

【分析の内容】 ―モデルの比較―

次の 2 つのモデルを比較します.

モデル $\boldsymbol{M}_0$ … 帰無仮説 H_0:2 つのグループ間に差はない

モデル $\boldsymbol{M}_1$ … 対立仮説 H_1:2 つのグループ間に差がある

手順 5 次の ベイズ因子 の画面になったら

⊙ Rouder 法（R）

を確認して，このまま 続行 .

手順 4 の画面にもどったら，

あとは， OK ボタンをマウスでカチッ!!

```
ベイズ独立サンプル推論: ベイズ因子              ×
⊙ Rouder 法(R)
○ Gonen 法(G)           ⑧
   効果サイズの平均値(M): 0
   効果サイズの分散(V):
○ 超事前分布法(H)
   形状パラメータ(S):      -0.75
   続行  キャンセル  ヘルプ
```

Rouder's Method

$$
r\mathrm{BF}_{01} = \frac{\left(1 + \dfrac{t^2}{v}\right)^{-(v+1)/2}}{\displaystyle\int_0^\infty (1+Ng)^{-1/2}\left(1 + \dfrac{t^2}{(1+Ng)v}\right)^{-(v+1)/2}(2\pi)^{-1/2}g^{-3/2}e^{-1/(2g)}dg}
$$

Where t is the pooled-variance two-sample t-statistic

詳しくは
SPSS の Algorithms を
参照してください

【SPSS による出力】 ―ベイズ因子の推定―

グループ統計量

	グループ	N	平均値	標準偏差	平均値の標準誤差	
イワナの体長	= 利根川水系	12	179.67	34.812	10.049	← $\bar{x}_1$
	= 信濃川水系	8	213.25	50.632	17.901	← $\bar{x}_2$

ベイズ因子独立サンプルの検定 (方法 = Rouder)[a]

	平均値の差	プールされた差の標準誤差	ベイズ因子[b]	t 値	自由度	有意確率 (両側)
イワナの体長	33.58	19.026	.977	1.765	18	.095

a. グループ間で不等分散を仮定します。 ← ②
b. ベイズ因子: 帰無仮説 対 対立仮説。 ← ①

↑
③

$\bar{x} = \bar{x}_2 - \bar{x}_1$

・既知の分散
・等分散
・不等分散
については

p.141 の手順⑥を見てください

● データを2倍にした場合

ベイズ因子独立サンプルの検定 (方法 = Rouder)[a]

	平均値の差	プールされた差の標準誤差	ベイズ因子[b]	t 値	自由度	有意確率 (両側)
イワナの体長	33.58	13.095	.285	2.565	38	.014

a. グループ間で不等分散を仮定します。
b. ベイズ因子: 帰無仮説 対 対立仮説。

【出力結果の読み取り方】

← ① ベイズ因子の説明

| 帰無仮説 | 対 | 対立仮説 | なので

• ベイズ因子 $_r\mathrm{BF}_{01} = \dfrac{\{\,\text{帰無仮説 } \mathrm{H}_0:\ \mu_2 = \mu_1\,\}}{\{\,\text{対立仮説 } \mathrm{H}_1:\ \mu_2 \neq \mu_1\,\}}$

となります.

$r\,\mathrm{BF}_{01}$ は
SPSS の記号です

ベイズ因子の評価は
p.18 を
参照してください

← ② 2つの分散の説明

2つの母分数 σ_x^2, σ_y^2 は未知とします.

← ③ ベイズ因子の値

• $_r\mathrm{BF}_{01} = 0.977 <$ 1

なので,対立仮説 H_1 を支持しています.

0.977 だけど
ほとんど
1 じゃない？

Mathematica によるベイズ因子の計算

```
t : = 1.765;
n : = 8 * 12/(12+8);
v : = 18;
```

$$N\left[\left(1 + \frac{t^2}{v}\right)^{-\frac{v+1}{2}} \Big/ \mathrm{NIntegrate}\Big[\right.$$

$$\left.(1 + n*g)^{-0.5} * \left(1 + \frac{t^2}{(1+n*g)*v}\right)^{-\frac{v+1}{2}} * (2*\pi)^{-0.5} * g^{-1.5} * e^{-\frac{1}{2*g}}, \{g, 0, \mathrm{Infinity}\}\Big]\right]$$

= 0.97709

6.3 事後分布の評価（事前の情報がない場合）

【統計処理の手順】　―p.136 手順 4 の続き―

手順 5 　手順 4 の画面で

● ベイズ分析 のところは

⊙ 事後分布の評価(Z)

を選択します．

次に， 事前確率(O) をクリックします．

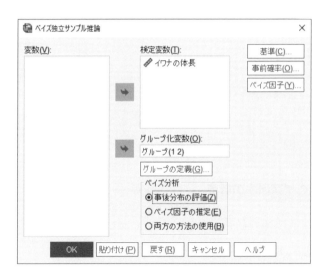

Diffuse Priors with Unequal Variances については
p.152 を参照してください

手順 6 次の 事前確率分布 の画面になったら

● データ分散 のところで

⊙ 不等分散を仮定する(U)

を確認して，このまま 続行 .

手順 5 の画面にもどったら

あとは， OK ボタンをマウスでカチッ!!

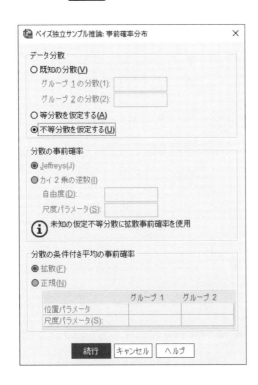

- 既知の分散
  2 つの母分散の値が
  わかっている

- 等分散
  2 つの母分散の値が
  等しい

- 不等分散
  2 つの母分散の値が
  わかっていない

【SPSS による出力】 ―事後分布の評価（事前の情報がない場合）―

グループ統計量

グループ		N	平均値	標準偏差	平均値の標準誤差
イワナの体長	= 利根川水系	12	179.67	34.812	10.049
	= 信濃川水系	8	213.25	50.632	17.901

独立サンプル平均値の事後分布評価[a]

	事後分布			95% 信用区間	
	最頻値	平均値	分散	下限	上限
イワナの体長	33.58	33.58	572.070	-14.15	81.31

a. 分散の事前確率: Diffuse。平均の事前確率: Diffuse。

①　　　　　　　　②　　　　　　　③

$$\bar{x} = \bar{x}_2 - \bar{x}_1$$

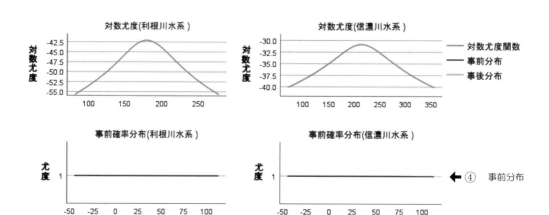

④　事前分布

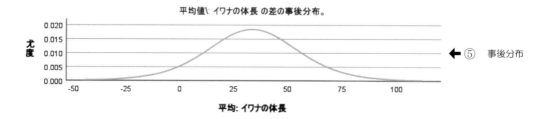

⑤　事後分布

【出力結果の読み取り方】

← ① 事前分布の説明

- 分散の事前確率分布 ･･･ Diffuse

- 平均の事前確率分布 ･･･ Diffuse

← ② 事後分布の分散

- $\psi = \arctan\left(\dfrac{50.632/\sqrt{8}}{34.812/\sqrt{12}}\right) = 1.0593$

- $\eta_1 = \left(\dfrac{8-1}{8-3}\right) \times \sin^2\psi + \left(\dfrac{12-1}{12-3}\right) \times \cos^2\psi = 1.3574$

- $\eta_2 = \dfrac{(8-1)^2}{(8-3)^2 \times (8-5)} \times \sin^4\psi + \dfrac{(12-1)^2}{(12-3)^2 \times (12-5)} \times \cos^4\psi$

  $= 0.3900$

- $\eta_3 = 4 + \dfrac{\eta_1^2}{\eta_2} = 8.7246$

- $\eta_4 = \sqrt{\dfrac{\eta_1 \times (\eta_3 - 2)}{\eta_3}} = 1.0229$

- $\sigma_n^2 = \eta_4^2 \times \left(\dfrac{1211.879}{12} + \dfrac{2563.643}{8}\right) = 440.9298$

- 分散 $V[d_\mu \mid (X, Y)] = \dfrac{v_n}{v_n - 2} \times \sigma_n^2 = 572.070$

← ③ 95％信用区間

信用区間に 0 ($= \mu_2 - \mu_1$) が含まれているので

イワナの体長に差があるとはいえません.

6.4 事後分布の評価（等分散を仮定する場合）

【統計処理の手順】 — p.136 手順 4 の続き—

手順 5 手順4の画面で

- ベイズ分析 のところは

  ⊙ 事後分布の評価(Z)

を選択します.

次に 事前確率(O) をクリックします.

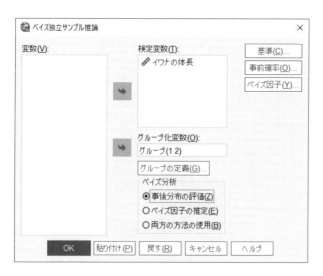

Diffuse-Jeffreys Priors with Equal Variances
については p.153 を参照してください

手順 6 次の事前確率分布の画面になったら

- データ分散 のところで

  ⊙ 等分散を仮定する（A）

を選択します.

- 分散の事前確率のところで

  ⊙ Jeffreys（J）

を確認したら, 続行 .

手順 5 の画面にもどったら,

あとは, OK ボタンをマウスでカチッ!!

等分散とは
2 つの母分散 $\sigma_1{}^2$, $\sigma_2{}^2$ が
$\sigma_1{}^2 = \sigma_2{}^2$
のことです

ベイズ独立サンプル推論: 事前確率分布 ✕

データ分散
○ 既知の分散(V)
グループ 1 の分散(1):
グループ 2 の分散(2):
⊙ 等分散を仮定する(A)
○ 不等分散を仮定する(U)

分散の事前確率
⊙ Jeffreys(J)
○ カイ 2 乗の逆数(I)
自由度(D):
尺度パラメータ(S):
ⓘ 未知の仮定不等分散に拡散事前確率を使用

分散の条件付き平均の事前確率
⊙ 拡散(F)
○ 正規(N)

	グループ 1	グループ 2
位置パラメータ		
尺度パラメータ(S):		

続行　キャンセル　ヘルプ

【SPSS による出力】 —事後分布の評価（等分散を仮定する場合）—

グループ統計量

	グループ	N	平均値	標準偏差	平均値の標準誤差	
イワナの体長	= 利根川水系	12	179.67	34.812	10.049	← $\bar{x}_1$
	= 信濃川水系	8	213.25	50.632	17.901	← $\bar{x}_2$

独立サンプル平均値の事後分布評価[a]

	事後分布			95% 信用区間		
	最頻値	平均値	分散	下限	上限	
イワナの体長	33.58	33.58	407.242	-6.39	73.56	← $\bar{x} = \bar{x}_2 - \bar{x}_1$

a. 分散の事前確率: Jeffreys 2。平均の事前確率: Diffuse。

      ↑   ↑   ↑

    ①   ②   ③

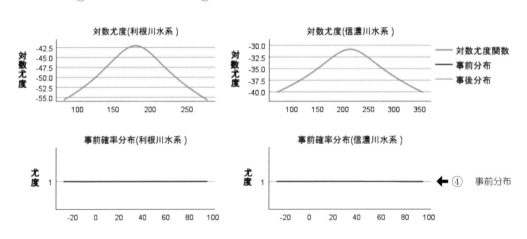

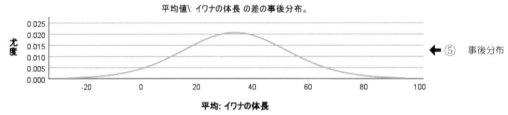

平均値\: イワナの体長 の差の事後分布。

← ⑤ 事後分布

平均: イワナの体長

【出力結果の読み取り方】

← ① 事前分布の説明

- 分散の事前確率分布 ⋯ Jeffreys

- 平均の事前確率分布 ⋯ Diffuse

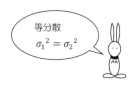

等分散
$\sigma_1{}^2 = \sigma_2{}^2$

← ② 事後分布の平均と分散

- 平均 $\mathrm{E}[d_\mu \mid (X, Y)] = 213.25 - 179.67 = 33.58$

- $\sigma_m^2 = \dfrac{1}{(12+8-2)} \left((12-1) \times 34.812^2 + (8-1) \times 50.632^2 \right) \times \left(\dfrac{1}{12} + \dfrac{1}{8} \right)$

    $= 361.992$

- 分散 $\mathrm{V}[d_\mu \mid (X, Y)] = \dfrac{12+8-2}{((12+8-2)-2)} \times 361.992 = 407.242$

$\mathrm{V}(d \mid X, Y)$ の計算は
p.153 を参照してください

← ③ 95％信用区間

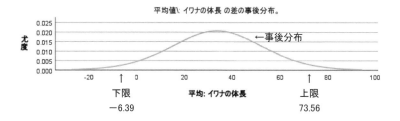

平均値: イワナの体長 の差の事後分布。

信用区間に 0 $(= \mu_2 - \mu_1)$ が含まれているので

イワナの体長に差があるとはいえません.

6.5 事後分布の評価（母分散が既知の場合）

表6.1.2 の2つのグループについて，それぞれ

　　　1 サンプルの正規分布　　→　　事後分布の評価　　　　　←p.36 を参照

をおこなうと，次のような出力になります．

● 利根川水系のグループの場合

1 サンプル平均の事後分布評価

	N	事後分布			95% 信用区間	
		最頻値	平均値	分散	下限	上限
イワナの体長	12	179.67	179.67	158.698	154.53	204.80

分散の事前確率: Diffuse。平均の事前確率: Diffuse。

⬆ p.149 の手順⑥で利用

● 信濃川水系のグループの場合

1 サンプル平均の事後分布評価

	N	事後分布			95% 信用区間	
		最頻値	平均値	分散	下限	上限
イワナの体長	8	213.25	213.25	747.729	158.80	267.70

分散の事前確率: Diffuse。平均の事前確率: Diffuse。

⬆ p.149 の手順⑥で利用

そこで，この情報を利用して

　　　事後分布の評価（分散が既知の場合）

をしてみましょう．

【統計処理の手順】 ― p.144 手順 5 の続き―

手順 6 次の 事前確率分布 の画面になったら，

　　　　● データ分散 の

　　　　　　⦿ 既知の分散(V)

　　　を選択します．

　　　次のように 2 つの分散の値を入力したら，続行 ．

　　　手順 5 の画面にもどったら，　　　　　　　　　　　← p.144

　　　あとは OK ボタンをマウスでカチッ!!

ここでは p.148 の
2 つの分散値を
利用します

既知の分散の値は
研究者に
まかされています

ベイズ独立サンプル推論: 事前確率分布　　　　✕

データ分散
　⦿ 既知の分散(V)
　　　グループ 1 の分散(1): 158.698
　　　グループ 2 の分散(2): 747.729
　◯ 等分散を仮定する(A)
　◯ 不等分散を仮定する(U)

分散の事前確率
　⦿ Jeffreys(J)
　◯ カイ 2 乗の逆数(I)
　　　自由度(D):
　　　尺度パラメータ(S):
　　　ⓘ 未知の仮定不等分散に拡散事前確率を使用

分散の条件付き平均の事前確率
　⦿ 拡散(F)
　◯ 正規(N)

	グループ 1	グループ 2
位置パラメータ		
尺度パラメータ(S):		

続行　キャンセル　ヘルプ

【SPSS による出力】 ―事後分布の評価（母分散が既知の場合）―

グループ統計量

グループ		N	平均値	標準偏差	平均値の標準誤差
イワナの体長	= 利根川水系	12	179.67	34.812	10.049
	= 信濃川水系	8	213.25	50.632	17.901

独立サンプル平均値の事後分布評価[a]

	事後分布			95% 信用区間	
	最頻値	平均値	分散	下限	上限
イワナの体長	33.58	33.58	106.691	13.34	53.83

a. 分散の事前確率: Diffuse。平均の事前確率: Diffuse。

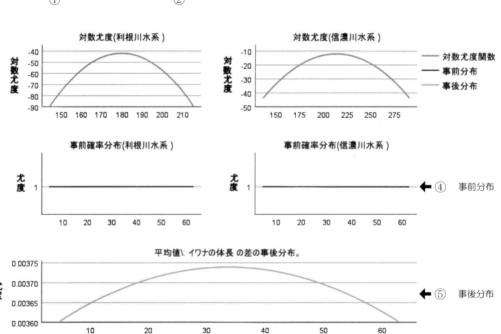

対数尤度(利根川水系)

対数尤度(信濃川水系)

対数尤度関数
事前分布
事後分布

事前確率分布(利根川水系)

事前確率分布(信濃川水系)

④ 事前分布

平均値\: イワナの体長 の差の事後分布。

⑤ 事後分布

平均: イワナの体長

【出力結果の読み取り方】

← ① 事前分布の説明

● 分散の事前確率分布 ⋯ Diffuse

● 平均の事前確率分布 ⋯ Diffuse

$V(d \mid X, Y)$ の計算は SPSS の Algorithms を参照してください

← ② 事後分布の平均と分散

● 平均 $\mathbb{E}[d_\mu \mid (X, Y)] = 213.25 - 17967 = 33.58$

● 分散 $\mathbb{V}[d_\mu \mid (X, Y)] = \dfrac{747.729}{8} + \dfrac{158.698}{12}$

$$= 106.691$$

← ③ 95%信用区間

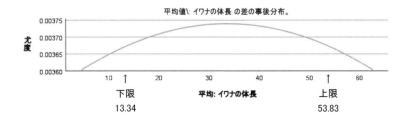

平均値\ イワナの体長 の差の事後分布。

尤度 0.00375 0.00370 0.00365 0.00360

10　20　30　40　50　60

下限　平均: イワナの体長　上限
13.34　　　　　　　　　　　　53.83

信用区間に 0 $(= \mu_2 - \mu_1)$ が含まれていないので

イワナの体長に差があることがわかります.

信濃川水系のイワナ>利根川のイワナとなります

Diffuse Priors with Unequal Variances

We do not make any assumptions on the equality of σ_x^2 and σ_y^2. We place the diffuse priors on all of the parameters by noting that $p(z_{\mu_x}, z_{\mu_x}, \sigma_x^2, \sigma_y^2) \propto 1$.

Define

$$\psi = \arctan\left(\frac{s_y/\sqrt{W_y}}{s_x/\sqrt{W_y}}\right)$$

where

$$s_y = \left(\sum_{i=1}^{N_y} w_{y_i}(y_i - \bar{y})^2/(W_y - 1)\right)^{1/2}, \text{ and } s_x = \left(\sum_{j=1}^{N_x} w_{x_j}(x_j - \bar{x})^2/(W_x - 1)\right)^{1/2}$$

$$\eta_1 = \left(\frac{W_y - 1}{W_y - 3}\right)\sin^2\psi + \left(\frac{W_x - 1}{W_x - 3}\right)\cos^2\psi,$$

$$\eta_2 = \frac{(W_y - 1)^2}{(W_y - 3)^2(W_y - 5)}\sin^4\psi + \frac{(W_x - 1)^2}{(W_x - 3)^2(W_x - 5)}\cos^4\psi,$$

$$\eta_3 = 4 + \eta_1^2/\eta_2, \text{ and } \eta_4 = \sqrt{\eta_1(\eta_3 - 2)/\eta_3}.$$

Under this setting, the marginal posterior distribution of d_μ is

$$d_\mu \mid (X, Y) \sim t_{v_n}(\mu_n, \sigma_n^2)$$

where

$$v_n = \eta_3, \ \mu_n = \bar{y} - \bar{x} = \frac{1}{W_y}\sum_{i=1}^{N_y} w_{y_i}y_i - \frac{1}{W_x}\sum_{j=1}^{N_x} w_{x_j}x_j, \text{ and } \sigma_n^2 = \eta_4^2(s_x^2/W_x + s_y^2/W_y).$$

We may find the Bayes estimators of d_μ by computing the expected value

$$\mathbb{E}[d_\mu \mid (X, Y)] = \bar{y} - \bar{x}.$$

and the variance of the marginal posterior distribution of $\mu_x \mid X$

$$\mathbb{V}[d_\mu \mid (X, Y)] = \frac{v_n}{v_n - 2}\sigma_n^2$$

Diffuse-Jeffreys Priors with Equal Variances

We assume that $\sigma_x^2 = \sigma_y^2 = \sigma^2$, and $p(\sigma^2) \propto 1/\sigma^2$. We place the Diffuse priors by noting that $p(z_{\mu_x} \mid \sigma^2) \propto 1$ and $p(z_{\mu_y} \mid \sigma^2) \propto 1$.

Under this setting, we are interested in drawing inference on d_μ. Thus, the marginal posterior distribution of d_μ is

$$d_\mu \mid (X, Y) \sim t_{v_n}(\mu_n, \sigma_n^2)$$

where

$$v_n = W_x + W_y - 2$$

$$\mu_n = \bar{y} - \bar{x} = \frac{1}{W_y} \sum_{i=1}^{N_y} w_{y_i} y_i - \frac{1}{W_x} \sum_{j=1}^{N_x} w_{x_j} x_j,$$

and

$$\sigma_n^2 = \frac{1}{v_n} \left(\sum_{i=1}^{N_y} w_{y_i}(y_i - \bar{y})^2 + \sum_{j=1}^{N_x} w_{x_j}(x_j - \bar{x})^2 \right) \left(\frac{1}{W_y} + \frac{1}{W_x} \right)$$

We may find the Bayes estimators of d_μ by computing the expected value

$$\mathrm{E}[d_\mu \mid (X, Y)] = \bar{y} - \bar{x}$$

and the variance of the marginal posterior distribution of $\mu_x \mid X$

$$\mathrm{V}[d_\mu \mid (X, Y)] = \frac{v_n}{v_n - 2} \sigma_n^2.$$

第 7 章　Pearson の相関

データの型とデータの入力

SPSS の分析メニューから

　　　　ベイズ統計　➡　Pearson の相関

を選択すると，右ページのように

　　　　　　● パラメータの推定

　　　　　　● モデルの比較

をすることができます．

【データの型】

データの型は，次のようになります．

表 7.1.1　データの型―パターン⑥―

No	変数 x_1	変数 x_2
1	x_{11}	x_{11}
2	x_{12}	x_{12}
⋮	⋮	⋮
N	x_{1N}	x_{2N}

↑
母相関係数 ρ

xij は
数値データ
です

【SPSS の出力】

● パラメータの推定

次のように，パラメータの区間推定をします.

ペアごとの相関係数の事後分布評価[a]

			大気汚染	水質汚濁
大気汚染	事後分布	最頻値		.739
		平均値		.617
		分散		.043
	95% 信用区間	下限		.196
		上限		.924
水質汚濁	事後分布	最頻値	.739	
		平均値	.617	
		分散	.043	
	95% 信用区間	下限	.196	
		上限	.924	

p.167 に
解説があります

● モデルの比較

次のベイズ因子で，2 つのモデルの比較をします.

ペアごとの相関係数についてのベイズ因子推論[a]

		大気汚染	水質汚濁
大気汚染	Pearson の相関	1	.761
	ベイズ因子		.236
水質汚濁	Pearson の相関	.761	1
	ベイズ因子	.236	

a. ベイズ因子: 帰無仮説 対 対立仮説。

p.163 に
解説があります

したがって，ベイズ因子は

$$\text{ベイズ因子Bf}_{01} = \frac{\{帰無仮説H_0\}}{\{対立仮説H_1\}} = 0.236$$

となります

【データ】

　次のデータは9つの都市における大気汚染と水質汚濁の
発生件数を調査した結果です.

　大気汚染と水質汚濁の間には，相関があるのでしょうか？

表7.1.2　データ

No	都市	大気汚染	水質汚濁
1	A	113	31
2	B	64	5
3	C	16	2
4	D	45	17
5	E	28	18
6	F	19	2
7	G	30	9
8	H	82	25
9	I	76	13

↑
標本相関係数 r

このデータは
『入門はじめての統計解析』
4章§4.9と同じです

【分析の内容】

● パラメータの推定

　大気汚染と水質汚濁 の相関係数を確率95%で区間推定します.

　　　↑　下限　≦　母相関係数 ρ　≦　上限

● モデルの比較

　次の2つのモデルを比較します.

　　　　　モデル $\boldsymbol{M}_0$　…　帰無仮説 H_0：相関がない　←$\rho = 0$

　　　　　モデル $\boldsymbol{M}_1$　…　対立仮説 H_1：相関がある　←$\rho \neq 0$

【SPSS のデータ入力】

　次のようにデータを入力します.

　変数ビューは，次のようになっています.

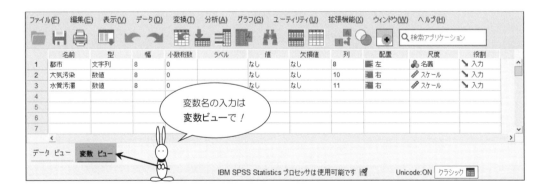

【統計処理の手順】

手順 ① 分析のメニューから

ベイズ統計(Y) ➡ Pearson の相関(C)

を選択します.

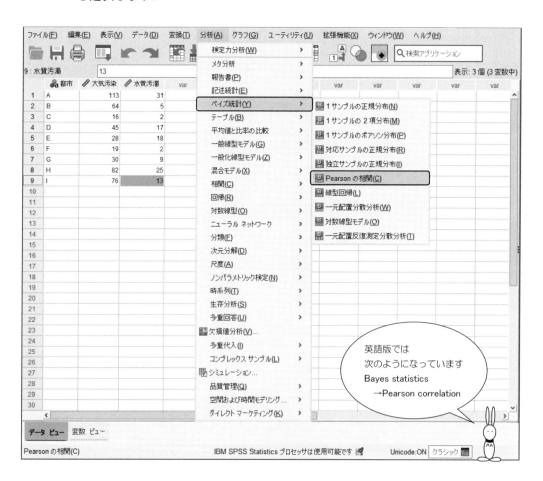

手順 ② 次の Pearson の相関の画面になったら

大気汚染 と 水質汚濁 を 検定変数(T) の中へ移動.

● ベイズ分析のところは

⊙ ベイズ因子の推定(E)

を選択します.

次に, ベイズ因子(Y) をクリック.

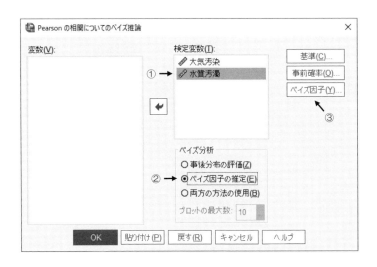

【分析の内容】 ―モデルの比較―

次の 2 つのモデルを比較します.

モデルは M_0 … 帰無仮説 H_0：母相関係数 $\rho = 0$

モデルは M_1 … 対立仮説 H_1：母相関係数 $\rho \neq 0$

手順③ 次の ベイズ因子 の画面になったら

- JZS ベイズ因子(J)

を確認して, 続行 .

手順 2 の画面にもどったら,

あとは, OK ボタンをマウスでカチッ!!

ベイズ因子
$$\Delta_{01} = \frac{1}{\Delta_{10}}$$

Bayes Factor Based on the JZS Priors については
p.170 を参照してください

Bayes Factor Based on the JZS Prior

$$\Delta_{10} = \frac{(W_{xy}/2)^{1/2}}{\Gamma(1/2)} \int_0^\infty (1+g)^{(W_{xy}-2)/2} [1+(1-r^2)g]^{-(W_{xy}-1)/2} g^{-3/2} e^{-W_{xy}/(2g)} \, dg \tag{10}$$

ところで

【割合のベイズ因子】

割合のベイズ因子は，次のようになっています．

← Fractional Bayes Factor

Fractional Bayes Factor については
p.170 を参照してください

Fractional Bayes Factor

The Bayes factor

$$\Delta_{10} = \frac{I_1(x, y)}{I_2(x, y)} \cdot \frac{I_2(x, y; b)}{I_1(x, y; b)}, \tag{11}$$

where

$$I_1(x, y) = \int_0^\infty (1 - \rho_0^2)^{(W_{xy}-1)/2} V^{-1} [V^{-1/2} + V^{1/2} - 2r\rho_0]^{-(W_{xy}-1)} dV \tag{12}$$

$$I_2(x, y) = \int_{-1}^1 \int_0^\infty (1 - \rho^2)^{(W_{xy}-3)/2} V^{-1} [V^{-1/2} + V^{1/2} - 2r\rho]^{-(W_{xy}-1)} dV d\rho \tag{13}$$

$$I_1(x, y; b) = \int_0^\infty (1 - \rho_0^2)^{(bW_{xy}-1)/2} V^{-1} [V^{-1/2} + V^{1/2} - 2r\rho_0]^{-(bW_{xy}-1)} dV \tag{14}$$

$$I_2(x, y; b) = \int_{-1}^1 \int_0^\infty (1 - \rho^2)^{(bW_{xy}-3)/2} V^{-1} [V^{-1/2} + V^{1/2} - 2r\rho]^{-(bW_{xy}-1)} dV d\rho \tag{15}$$

【SPSS による出力】 ―ベイズ因子の推定―

ペアごとの相関係数についてのベイズ因子推論[a]

		大気汚染	水質汚濁
大気汚染	Pearson の相関	1	.761
	ベイズ因子		.236
	N	9	9
水質汚濁	Pearson の相関	.761	1
	ベイズ因子	.236	
	N	9	9

a. ベイズ因子: 帰無仮説 対 対立仮説。

①

← ②

● 割合のベイズ因子（F）の場合

ペアごとの相関係数についてのベイズ因子推論[a]

		大気汚染	水質汚濁
大気汚染	Pearson の相関	1	.761
	ベイズ因子		.233
	N	9	9
水質汚濁	Pearson の相関	.761	1
	ベイズ因子	.233	
	N	9	9

a. ベイズ因子: 帰無仮説 対 対立仮説。

計算のたびに
ベイズ因子の値が
少し異なります

【出力結果の読み取り方】

← ① ベイズ因子の説明

$$\boxed{帰無仮説} \quad 対 \quad \boxed{対立仮説} \quad なので$$

● ベイズ因子 $\Delta_{01} = \dfrac{\{帰無仮説\ H_0 : \rho = 0\}}{\{対立仮説\ H_1 : \rho \neq 0\}}$

となります.

Δ_{01} は
SPSS の記号です

← ② ベイズ因子の値

● $\Delta_{01} = \dfrac{1}{\Delta_{10}} = 0.236 < \boxed{1}$

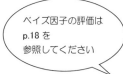

ベイズ因子の評価は
p.18 を
参照してください

なので，対立仮説 H_1 を支持しています.

● Mathematica によるベイズ因子の計算

ベイズ因子（相関係数　JZS 法）

$w \coloneqq 9;$

$r \coloneqq 0.761;$

$1/$

$\left(\dfrac{\sqrt{w/2}}{\pi} * \mathrm{NIntegrate}\left[(1-g)^{\frac{w-1}{2}} * (1 + (1 - r^2) * g)^{-\frac{w-1}{2}} * g^{-1.5} * e^{-\frac{w}{2*g}}, \{g, 0, \mathrm{Infinity}\} \right] \right)$

$= 0.236003$

7.3 事後分布の評価

【統計処理の手順】 ─p.158 **手順 1** の続き─

手順 2 次の画面になったら

大気汚染 水質汚濁 を **検定変数(T)** の中へ移動

● ベイズ分析 のところは

⊙ **事後分布の評価(Z)**

を選択.

次に, **事前確率(O)** をクリックします.

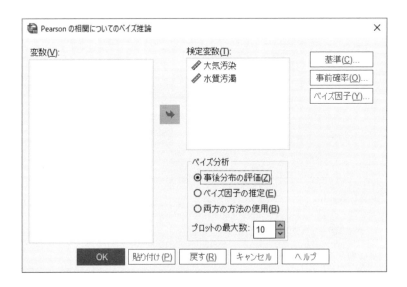

【分析の内容】 ─パラメーターの推定─

次のパラメータの区間推定をします.

大気汚染と水質汚濁の母相関係数 ρ の下限と上限

手順③ 次の 事前確率分布 の画面になったら

⊙ 一様分布（c＝0）（U）

を選択します．そして， 続行 ．

手順2の画面にもどったら

あとは， OK ボタンをマウスでカチッ‼

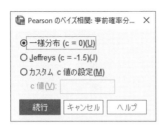

Characterizing Posterior Distributions については
p.171 に続きがあります

Characterizing Posterior Distributions

The suffcient sample size to estimate the posterior distribution is $W_{xy} \geq 2$. Suppose $\mathrm{E}(X) = \lambda$, $\mathrm{E}(Y) = \mu$, $\mathrm{V}(X) = \phi$, and $\mathrm{V}(Y) = \psi$. We assume and place standard reference priors on λ, μ, ϕ, and ψ. To derive the posterior density of ρ, we use the following substitution and approximation discussed in [Fisher, 1915] by noting that

$$\Pr(\rho \mid X, Y) \propto p(\rho) \frac{(1 - \rho^2)^{(W_{xy}-1)/2}}{(1 - \rho r)^{W_{xy}-3/2}} \tag{16}$$

where $p(\rho)$ is the prior density placed on ρ. The common choice of the prior has the form

$$p(\rho) \propto (1 - \rho^2)^c \tag{17}$$

where $c = 0$ and $c = -3/2$ are two popular choices. Theoretically, uses are allowed to specify any arbitrary $c \in (-\infty, +\infty)$.

【SPSS による出力】 ―事後分布の評価―

ペアごとの相関係数の事後分布評価[a]

			大気汚染	水質汚濁
大気汚染	事後分布	最頻値		.739
		平均値		.617
		分散		.043
	95% 信用区間	下限		.196
		上限		.924
	N		9	9
水質汚濁	事後分布	最頻値	.739	
		平均値	.617	
		分散	.043	
	95% 信用区間	下限	.196	
		上限	.924	
	N		9	9

← ①
← ②

計算のたびに
信用区間の値が
少し異なります

a. 分析で、参照事前確率を仮定します (c = 0)。

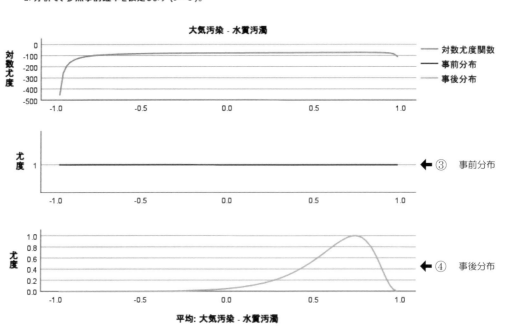

← ③ 事前分布

← ④ 事後分布

【出力結果の読み取り方】

← ① 相関係数の最頻値（モード）と平均値

相関係数のシミュレーションを 10000 回くり返し
その最頻値と平均値を計算しています.

詳しくは
SPSS の Algorithms を
参照してください

$$● \text{平均} \quad \mathrm{E}(\rho \mid X, Y) = \frac{\rho^{(1)} + \rho^{(2)} + \cdots + \rho^{(10000)}}{10000}$$

$$= 0.617$$

$$● \text{最頻値} = \max_{\rho} \{ \Pr(\rho \mid X, Y) \}$$

$$= 0.739$$

← ② 95％信用区間

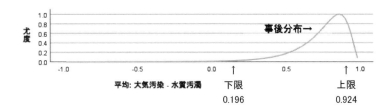

尤度

事後分布→

平均: 大気汚染 - 水質汚濁　　下限　　　　　　　　　　上限
　　　　　　　　　　　　　　0.196　　　　　　　　　　0.924

この図を見ると……

信用区間に 0 が含まれていません.

ということは…

◎ Jeffreys（c＝－1.5）（J）を選択した場合

ペアごとの相関係数の事後分布評価[a]

			大気汚染	水質汚濁
大気汚染	事後分布	最頻値		.860
		平均値		.618
		分散		.042
	95% 信用区間	下限		.205
		上限		.931
	N		9	9
水質汚濁	事後分布	最頻値	.860	
		平均値	.618	
		分散	.042	
	95% 信用区間	下限	.205	
		上限	.931	
	N		9	9

a. 分析で、参照事前確率を仮定します (c = -1.5)。

計算のたびに
信用区間の値が
少し異なります

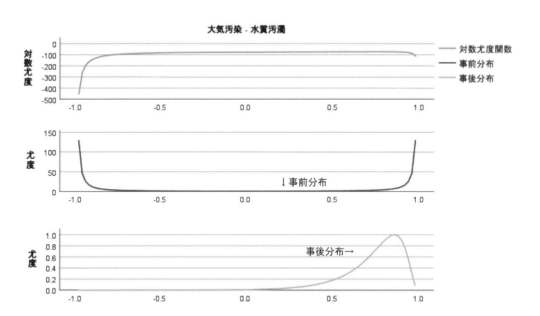

◎カスタム c 値の設定（M）　を

C 値（V）：　10

とした場合

ペアごとの相関係数の事後分布評価[a]

			大気汚染	水質汚濁
大気汚染	事後分布	最頻値		.234
		平均値		.615
		分散		.043
	95% 信用区間	下限		.195
		上限		.930
	N		9	9
水質汚濁	事後分布	最頻値	.234	
		平均値	.615	
		分散	.043	
	95% 信用区間	下限	.195	
		上限	.930	
	N		9	9

計算のたびに
信用区間の値が
少し異なります

a. 分析で、参照事前確率を仮定します（c = 10 ）。

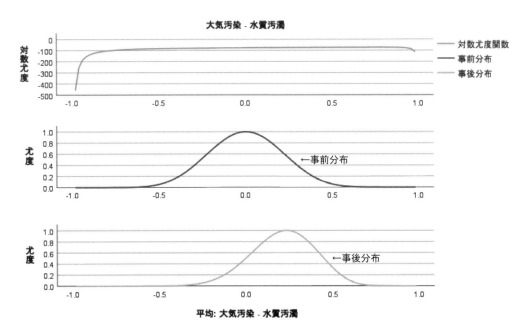

Bayes Factor Based on the JZS Prior

The Bayes factor suggested by [Wetzels and Wagenmakers, 2012] under the JZS prior is

$$\Delta_{10} = \frac{(W_{xy}/2)^{1/2}}{\Gamma(1/2)} \int_0^\infty (1+g)^{(W_{xy}-2)/2} [1+(1-r^2)g]^{-(W_{xy}-1)/2} g^{-3/2} e^{-W_{xy}/(2g)} \, dg \qquad (10)$$

where $\Gamma(1/2) = \sqrt{\pi}$, and r ($|r| \neq 1$) is the sample correlation coeffcient which can be estimated by either Equation(7) or Equation(9). Therefore, the Bayes factor in favor of the null hypothesis is $\Delta_{01} = 1/\Delta_{10}$, with Δ_{10} defined by Equation(10). In case that the two variables have a perfect linear correlation, or $|r|=1$, the integral in Equation(7) does not converge. In this scenario, we do not estimate the Bayes factor based on the JZS prior. Note that the suffcient sample size to estimate the Bayes factor is $W_{xy} \geq 2$.

Fractional Bayes Factor

The Bayes factor suggested by [Kang et al., 2001] is

$$\Delta_{10} = \frac{I_1(x,y)}{I_2(x,y)} \cdot \frac{I_2(x,y;b)}{I_1(x,y;b)}, \qquad (11)$$

where

$$I_1(x,y) = \int_0^\infty (1-\rho_0^2)^{(W_{xy}-1)/2} V^{-1} [V^{-1/2} + V^{1/2} - 2r\rho_0]^{-(W_{xy}-1)} dV, \qquad (12)$$

$$I_2(x,y) = \int_{-1}^1 \int_0^\infty (1-\rho^2)^{(W_{xy}-3)/2} V^{-1} [V^{-1/2} + V^{1/2} - 2r\rho]^{-(W_{xy}-1)} dV d\rho, \qquad (13)$$

$$I_1(x,y;b) = \int_0^\infty (1-\rho_0^2)^{(bW_{xy}-1)/2} V^{-1} [V^{-1/2} + V^{1/2} - 2r\rho_0]^{-(bW_{xy}-1)} dV, \qquad (14)$$

$$I_2(x,y;b) = \int_{-1}^1 \int_0^\infty (1-\rho^2)^{(bW_{xy}-3)/2} V^{-1} [V^{-1/2} + V^{1/2} - 2r\rho]^{-(bW_{xy}-1)} dV d\rho, \qquad (15)$$

and r is defined by Equation(7). Note that the fraction $b \in (0,1)$, which is preset and specified by users.

Characterizing Posterior Distributions

p.165 の続きです

After making the hyperbolic tangent transformation

$$\rho = \tanh(\xi) \text{ and } r = \tanh(z) \tag{18}$$

where $\tanh(z) = \sinh(z) = \cosh(z) = (e^z - e^{-z})/(e^z + e^{-z})$ and $|r| \neq 1$, we will finally have

$$\xi \sim \text{Normal}(z, 1/W_{xy}) \text{ for large } W_{xy} \tag{19}$$

We also suggest

$$\xi \sim \text{Normal}\left(z - \frac{5r}{2W_{xy}}, \ \frac{1}{W_{xy} - 1.5 + 2.5(1 - r^2)}\right) \tag{20}$$

which is a slightly better approximation when a uniform prior is placed on ρ. In practice, we can stick with Equation (20).

To find the Bayes estimators, we can simulate ξ based on Equation (19) or (20), and then transform to ρ by using $\rho = \tanh(\xi)$. Define

$$\rho^* = (\rho^{(1)}, \rho^{(2)}, \dots, \rho^{(I)}), \tag{21}$$

where I ($I = 10^4$ by default) is a larger integer input from syntax, denoting the posterior samples that we finally collect. We may find the Bayes estimators of ρ by computing the mode

$$\hat{\rho} = \max_{\rho} \{\Pr(\rho \mid X, Y)\} \tag{22}$$

the expected value

$$\text{E}(\rho \mid X, Y) = \int_{\rho} \rho \Pr(\rho \mid X, Y) d\rho \approx \text{E}(\rho^*) = \frac{1}{I} \sum_{i=1}^{I} \rho(i) \tag{23}$$

$$\text{V}(\rho \mid X, Y) = \int_{\rho} \rho \Pr(\rho \mid X, Y) d\rho \, [\text{E}(\rho \mid X, Y)]^2 \approx \frac{1}{I} \sum_{i=1}^{I} (\rho^{(i)})^2 - [\text{E}(\rho \mid X)]^2 \tag{24}$$

第 *8* 章　線型回帰

8.1 データの型とデータの入力

SPSS の分析メニューから

ベイズ統計　➡　線型回帰

を選択すると，右ページのように

● パラメータの推定

● モデルの比較

をすることができます.

y_i は　数値データ　です

x_{ij} は　数値データ
順序データ
名義データ　です

【データの型】

データの型は，次のようになります.

表 **8.1.1**　データの型—パターン⑦—

No	変数 y	変数 x_1	変数 x_2	変数 x_3
1	y_1	x_{11}	x_{21}	x_{31}
2	y_2	x_{12}	x_{22}	x_{32}
⋮	⋮	⋮	⋮	⋮
N	y_N	x_{1N}	x_{2N}	x_{3N}

【SPSS の出力】

● パラメータの推定

　次のように，パラメータの区間推定をします．

係数のベイズ推定値[a,b,c]

パラメータ	事後分布			95% 信用区間	
	最頻値	平均値	分散	下限	上限
(定数項)	-34.713	-34.713	395.805	-74.472	5.046
温度	3.470	3.470	1.659	.896	6.044
圧力	.533	.533	.052	.077	.989

a. 従属変数：配向度
b. モデル: (定数項), 温度, 圧力
c. 標準的な参照事前確率を仮定します。

p.189 に
解説があります

● モデルの比較

　次のベイズ因子で，2 つのモデルの比較をします．

ベイズ因子モデルの要約[a,b]

ベイズ因子[c]	R	R2 乗	調整済み R2 乗	推定値の標準誤差
57.246	.926	.858	.818	3.543

a. 方法:JZS

p.179 に
解説があります

したがって，ベイズ因子は

$$\text{ベイズ因子Bf}_{01} = \frac{\{検定モデルM_1\}}{\{零モデルM_0\}} = 57.246$$

となります

【データ】

次のデータは，セラミックスを作るときの実験結果です．

配向度に影響を与える条件はどれでしょうか？

表8.1.2 データ

No	配向度	条件		
		温度	圧力	時間
1	45	17.5	30	20
2	38	17.0	25	20
3	41	18.5	20	20
4	34	16.0	30	20
5	59	19.0	45	15
6	47	19.5	35	20
7	35	16.0	25	20
8	43	18.0	35	20
9	54	19.0	35	20
10	52	19.5	40	15

従属変数 y 　　　　　独立変数 x_1 x_2 x_3

このデータは
『入門はじめての多変量解析』
2章と同じです

【分析の内容】

• パラメータの推定

　　重回帰モデル M_1 を

　　　●配向度 $= \alpha + \beta_1 \times$ 湿度 $+ \beta_2 \times$ 圧力 $+ \varepsilon$ 　　　　←モデル M_1

　としたとき，母偏回帰係数 β_1，β_2 を推定します．

• モデルの比較

　　重回帰モデルを，次の零モデル M_0 やすべてのモデル M_F と比較します．

　　　●配向度 $= \alpha + \varepsilon$ 　　　　　　　　　　　　←モデル M_0

　　　●配向度 $= \alpha + \beta_1 \times$ 温度 $+ \beta_2 \times$ 圧力 $+ \gamma \times$ 時間 $+ \varepsilon$ 　　　←モデル M_F

【SPSS のデータ入力】

次のようにデータを入力します.

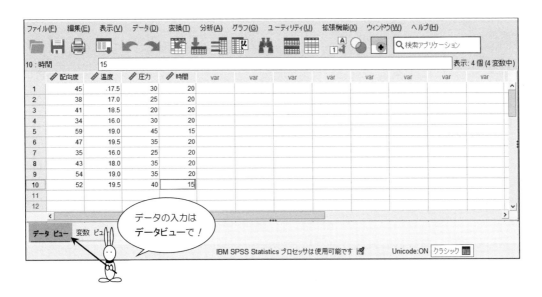

変数ビューは，次のようになっています.

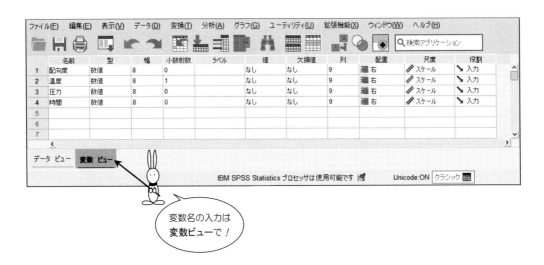

ベイズ因子の推定（検定モデル　対　零モデル）

【統計処理の手順】

手順 ① 分析のメニューから

ベイズ統計(Y) ➡ 線型回帰(L)

を選択します.

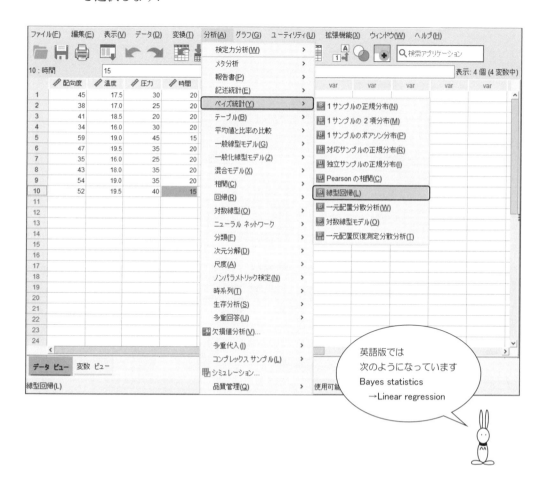

英語版では
次のようになっています
Bayes statistics
→Linear regression

手順② 次の画面になったら

配向度　　　を　従属変数(D)　　　の中へ移動

温度　圧力　を　共変量(I)　　　　の中へ移動

● ベイズ分析のところで

⊙ ベイズ因子の推定(E)

を選択します.

あとは, OK ボタンをマウスでカチッ!!

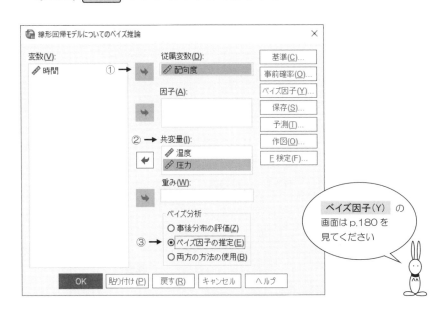

ベイズ因子(Y) の画面はp.180を見てください

【分析の内容】 ―モデルの比較―

次の2つのモデルを比較します.

モデル M_1 … 検定モデル　$y = \alpha + \beta_1 \times x_1 + \beta_2 \times x_2 + \varepsilon$

モデル M_0 … 零モデル　　$y = \alpha + \varepsilon$　　　　　　　← α＝定数項

【SPSS による出力】 ―ベイズ因子の推定（検定モデル　対　零モデル）―

ベイズ因子モデルの要約[a,b]

ベイズ因子[c]	R	R2乗	調整済み R2乗	推定値の標準誤差
57.246	.926	.858	.818	3.543

a. 方法:JZS

b. モデル: (定数項), 温度, 圧力

c. ベイズ因子: 検定モデル 対 すべてのモデル (定数項)。 ← ①

← ②

ここの
すべてのモデル（定数項）は
英語版では「Null model」に
なっています．したがって…

モデルの要約[b]

モデル	R	R2乗	調整済み R2乗	推定値の標準誤差
1	.926[a]	.858	.818	3.543

分散分析[a]

モデル		平方和	自由度	平均平方	F 値	有意確率
1	回帰	531.716	2	265.858	21.176	.001[b]
	残差	87.884	7	12.555		
	合計	619.600	9			

重回帰分析の出力は
このようになります！

係数[a]

モデル		非標準化係数		標準化係数	t 値	有意確率
		B	標準誤差	ベータ		
1	(定数)	-34.713	16.814		-2.064	.078
	温度	3.470	1.089	.558	3.188	.015
	圧力	.533	.193	.484	2.764	.028

a. 従属変数 配向度

【出力結果の読み取り方】

←① ベイズ因子の説明

ベイズ因子は 検定モデル 対 零モデル です.

●検定モデル M_1

配向度 = 定数項 + $\beta_1 \times$ 温度 + $\beta_2 \times$ 圧力 + ε

●零モデル（定数項）M_0

配向度 = 定数項 + 0 × 温度 + 0 × 圧力 + ε

←② ベイズ因子の値

●$\Delta_{10}^s = \dfrac{\{\text{検定モデル } M_1\}}{\{\text{零モデル } M_0\}} = 57.246 > 1$

Δ_{10}^s は
p.182 を参照

なので，検定モデル M_1 を支持しています.

ベイズ因子の評価は
p.18
を参照してください

零モデルは帰無仮説
のことです
帰無仮説 $H_0 : \beta_1 = \beta_2 = 0$

● Mathematica による計算

ベイズ因子（線型回帰 JZS 法）

$w := 10;$

$p := 2;$

$r := 0.85816;$

$\text{NIntegrate}\left[(1+g)^{\frac{n-1-p}{2}} * (1 + g*(1-r))^{-\frac{n-1}{2}} \left(\frac{\sqrt{n/2}}{\sqrt{\pi}} * g^{-1.5} * e^{-\frac{n}{2*g}}\right), \{g, 0, \text{Infinity}\}\right]$

$= 57.2465$

【統計処理の手順】　―p.177 手順 ② の続き―

手順 ③ 手順 2 の画面で，ベイズ因子(Y) をクリックします．

● 帰無仮説の下でのモデルのところでは

⊙ すべてのモデル(M)　　　　　　　　　　　　　　← Full Model

を選択し，

時間 を 追加の共変量(T) の中へ移動．

そして，続行．

手順 ② の画面にもどったら，OK をクリック．

すべてのモデル（Full Model）の説明

SPSS の重回帰モデルには，次の3つのタイプがあります．

1. 零モデル（Null model）

$$M_0 : \boxed{y = 1_n \cdot \alpha + \varepsilon}$$

2. 検定モデル（Testing model）

$$M_1 : \boxed{y = 1_n \cdot \alpha + X \cdot \beta + \varepsilon}$$

3. すべてのモデル（Full model）

$$M_F : \boxed{y = 1_n \cdot \alpha + X \cdot \beta + Z \cdot \gamma + \varepsilon}$$

X は共変量
温度と圧力
Z は追加の共変量
時間

・は行列の
かけ算です

表 8.1.2 の場合，すべてのモデルは

$$M_F : y = \alpha + \beta_1 \times x_1 + \beta_2 \times x_2 + \gamma \times x_3 + \varepsilon$$

となります．

したがって，

検定モデル 対 すべてのモデル は，次の2つのモデルの比較です．

モデル M_1：共変量 x_3 を追加しない

モデル M_F：共変量 x_3 を追加する

【分析の内容】

次の3つのモデルを比較します．

モデル M_0 … 零モデル $y = \alpha + \varepsilon$

モデル M_1 … 検定モデル $y = \alpha + \beta_1 \times x_1 + \beta_2 \times x_2 + \varepsilon$

モデル M_F … すべてのモデル $y = \alpha + \beta_1 \times x_1 + \beta_2 \times x_2 + \gamma \times x_3 + \varepsilon$

【SPSS による出力】 ―ベイズ因子の推定（検定モデル　対　すべてのモデル）―

ベイズ回帰

ベイズ因子モデルの要約[a,b]

ベイズ因子[c]	R	R2 乗	調整済み R2 乗	推定値の標準誤差	
12.996	.929	.863	.818	3.54	← ④

a. 方法:JZS

b. モデル: (定数項), 温度, 圧力

c. ベイズ因子: 検定モデル 対 すべてのモデル。 ← ③

SPSS の Algorithm

Jeffreys-Zellner-Siow's (JZS) Method

The Bayes factor suggested by Zellner and Siow between M_1 and M_0 is

$$\Delta_{10}^{s} = \int_0^{\infty} (1+g)^{(N-1-p)/2} \left[1 + g(1-R^2)\right]^{-(N-1)/2} \left(\frac{\sqrt{N/2}}{\Gamma(1/2)} g^{-3/2} e^{-N/(2g)} \right) dg \tag{3}$$

where $\Gamma(1/2) = \sqrt{\pi}$, and R^2 is the unadjusted proportion of variance accounted for by the covariate which can be similarly computed by the REGRESSION algorithm.

SPSS の Algorithm

Full model based Bayes factors

$$\boldsymbol{M}_{\mathrm{F}} : y = 1_n \cdot \alpha + X \cdot \beta + Z \cdot \gamma + \varepsilon . \tag{7}$$

The null hypothesis we desire to test is $H_0 : \gamma = 0$.

The Bayes factors between M_1 and M_F by different methods are

$$\mathrm{JZS}: \Delta_{1F}^{s}(g) = \int_0^{\infty} (1+g)^{-(N-P-1)/2} \left[1 + g \left(\frac{1-R_F^2}{1-R_1^2} \right)\right]^{(N-P-1)/2}$$
$$\times \left(\frac{\sqrt{N/2}}{\Gamma(1/2)} g^{-3/2} e^{-N/(2g)} \right) dg \tag{9}$$

【出力結果の読み取り方】

← ③ ベイズ因子の説明

ベイズ因子は ｜検定モデル｜ 対 ｜すべてのモデル｜ です.

- 検定モデル $\boldsymbol{M}_1$

$$配向度 = \alpha + \beta_1 \times \boxed{温度} + \beta_2 \times \boxed{圧力} + \varepsilon$$

- すべてのモデル $\boldsymbol{M}_\mathrm{F}$

$$配向度 = \alpha + \beta_1 \times \boxed{温度} + \beta_2 \times \boxed{圧力} + \gamma \times \boxed{時間} + \varepsilon$$

← ④ ベイズ因子の値

- $\Delta^s_{1\mathrm{F}}(g) = \dfrac{\{検定モデル \boldsymbol{M}_1\}}{\{すべてのモデル \boldsymbol{M}_\mathrm{F}\}} = 12.996 > \boxed{1}$

なので, 検定モデル $\boldsymbol{M}_1$ を支持しています.

したがって, 独立変数の選択は

{ ｜温度｜ ｜圧力｜ ｜時間｜ }

より

{ ｜温度｜ ｜圧力｜ }

の方を支持しています.

$\Delta^s_{1F}(g)$ は
p.182 を参照

ベイズ因子の評価は
p.18 を
参照してください

つまり
時間を追加しない方が
良いモデルなんだね！

【すべてのモデル・追加の共変量の利用方法】

すべてのモデル(M) を利用すると,

> いろいろな独立変数の組合せについて
> 　　ベイズ因子を使ったモデルの比較

をすることができます.

つまり
独立変数の選択
ですね

● その1. 　共変量　温度　　　追加の共変量　時間　の場合

ベイズ因子モデルの要約[a,b]

ベイズ因子[c]	R	R2乗	調整済み R2 乗	推定値の標準誤差
3.383	.892	.796	.666	4.79

a. 方法:JZS
b. モデル: (定数項), 温度
c. ベイズ因子: 検定モデル 対 すべてのモデル。

ベイズ因子のところを見ると

$$●ベイズ因子 = \frac{\{\,検定モデル\,\}}{\{\,すべてのモデル\,\}} = 3.383 > 1$$

なので, 検定モデル の方を支持しています.
したがって

> “時間 を共変量として検定モデルに追加しない”

ということを示しています.

● その 2.　　共変量 　圧力　　　　追加の共変量 　温度　　の場合

ベイズ因子モデルの要約[a,b]

ベイズ因子[c]	R	R2乗	調整済み R2乗	推定値の標準誤差
.461	.926	.858	.609	5.19

a. 方法:JZS
b. モデル: (定数項), 圧力
c. ベイズ因子: 検定モデル 対 すべてのモデル。

ベイズ因子のところを見ると

$$●ベイズ因子 = \frac{\{\,検定モデル\,\}}{\{\,すべてのモデル\,\}} = 0.461 < \boxed{1}$$

なので，　すべてのモデル　の方を支持しています．つまり，

　"　温度　を共変量として検定モデルを追加する"

ということを示しています．

● その 3.　　共変量 　時間　　　　追加の共変量 　温度　　の場合

ベイズ因子モデルの要約[a,b]

ベイズ因子[c]	R	R2乗	調整済み R2乗	推定値の標準誤差
.348	.892	.796	.395	6.46

a. 方法:JZS
b. モデル: (定数項), 時間
c. ベイズ因子: 検定モデル 対 すべてのモデル。

いろいろなモデルを
比べてみてね！

ベイズ因子のところを見ると

$$●ベイズ因子 = \frac{\{\,検定モデル\,\}}{\{\,すべてのモデル\,\}} = 0.348 < \boxed{1}$$

なので，　すべてのモデル　の方を支持しています．つまり，

　"　温度　を共変量として検定モデルに追加する"

ということを示しています．

【統計処理の手順】 —p.176 手順 ① の続き—

手順 ② 次の画面になったら

　　　　　　配向度　　　　を　従属変数(D)　の中へ移動

　　　　　　温度　圧力　　を　共変量(I)　　　の中へ移動

　● ベイズ分析 のところは

　　　　⦿ 事後分布の評価(Z)

　　を選択して，予測(T) をクリック.

【分析の内容】 —パラメーターの推定—

　次のパラメータの区間推定をします.

　　配向度 の予測値の下限と上限（確率 95%）.

手順 3 次の予測の画面になったら

温度 = 18.7　　　圧力 = 34

と入力して，続行．

手順2の画面にもどったら，

あとは，OK ボタンをマウスでカチッ!!

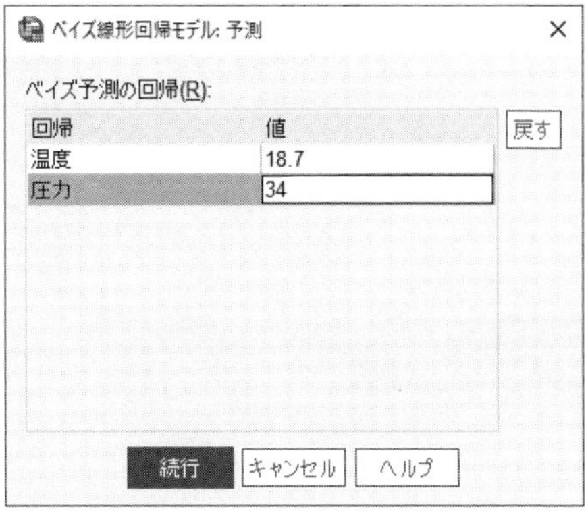

ベイズ線形回帰モデル: 予測		×
ベイズ予測の回帰(R):		
回帰	値	戻す
温度	18.7	
圧力	34	

続行　キャンセル　ヘルプ

保存 の画面は次のようになっています

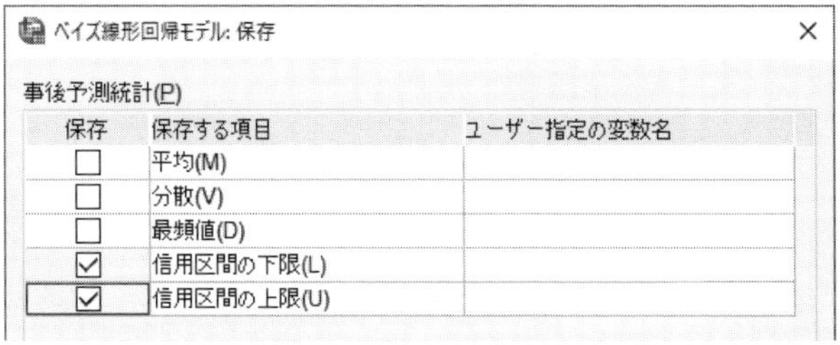

ベイズ線形回帰モデル: 保存		×
事後予測統計(P)		
保存	保存する項目	ユーザー指定の変数名
☐	平均(M)	
☐	分散(V)	
☐	最頻値(D)	
☑	信用区間の下限(L)	
☑	信用区間の上限(U)	

この計算結果はデータビューに出力されます

【SPSS による出力】 —事後分布の評価（事前の情報がない場合）—

ベイズ回帰

係数のベイズ推定値[a,b,c]

パラメータ	事後分布			95% 信用区間	
	最頻値	平均値	分散	下限	上限
(定数項)	-34.713	-34.713	395.805	-74.472	5.046
温度	3.470	3.470	1.659	.896	6.044
圧力	.533	.533	.052	.077	.989	← ①②

a. 従属変数：配向度
b. モデル：(定数項), 温度, 圧力
c. 標準的な参照事前確率を仮定します。

誤差分散のベイズ推定値[a]

パラメータ	事後分布			95% 信用区間	
	最頻値	平均値	分散	下限	上限
誤差分散	9.765	17.577	205.964	5.488	52.007

a. 標準的な参照事前確率を仮定します。

予測応答のベイズ推定値[a]

パラメータ	事後分布			95% 信用区間	
	最頻値	平均値	分散	下限	上限
予測値(P)[b]	48.29	48.29	19.877	39.38	57.20	← ③

a. 標準的な参照事前確率を仮定します。
b. 温度 = 18.7, 圧力 = 34

【出力結果の読み取り方】

← ①   事後分布の重回帰式

- 配向度 $= -34.713 + 3.470 \times$ 温度 $+ 0.533 \times$ 圧力

← ②   パラメータの95%信用区間

- 温度 について

$$0.896 \leq \beta_1 \leq 6.044$$

信用区間に 0 が含まれていないので

$$\text{仮説 } H_0 : \beta_1 = 0$$

は棄却されています.

- 圧力 について

$$0.077 \leq \beta_2 \leq 0.989$$

信用区間に 0 が含まれていないので

$$\text{仮説 } H_0 : \beta_2 = 0$$

は棄却されます.

温度は配向度の予測
に役立ちます

圧力は配向度に
影響を与えています

← ③   事後分布の予測値

温度 $= 18.7$ 圧力 $= 34$ のときの

配向度 の予測値 $= 48.29$

となります.

予測値の信用区間は，次のようになります.

$$39.38 \quad \leq \quad \text{予測値} \quad \leq \quad 57.20$$

8.5 事後分布の評価（事前確率分布を利用する場合）

【統計処理の手順】 —p.176 **手順①** の続き—

手順② 次の画面になったら

配向度 を 従属変数(D) の中へ移動

温度 圧力 を 共変量(I) の中へ移動

● ベイズ分析 のところは

⦿ 事後分布の評価(Z)

を選択して， 予測(T) をクリック．

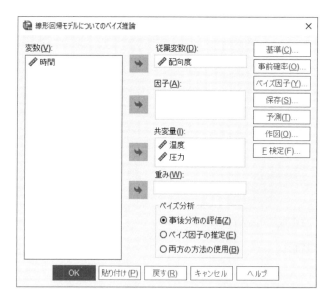

【分析の内容】 —パラメーターの推定—

配向度の予測値を区間推定します．

手順 3 次の予測の画面になったら

温度 = $\boxed{18.7}$ 　　圧力 = $\boxed{34}$

と入力して，$\boxed{続行}$．

手順2の画面にもどったら，

$\boxed{事前確率(O)}$ をクリック．

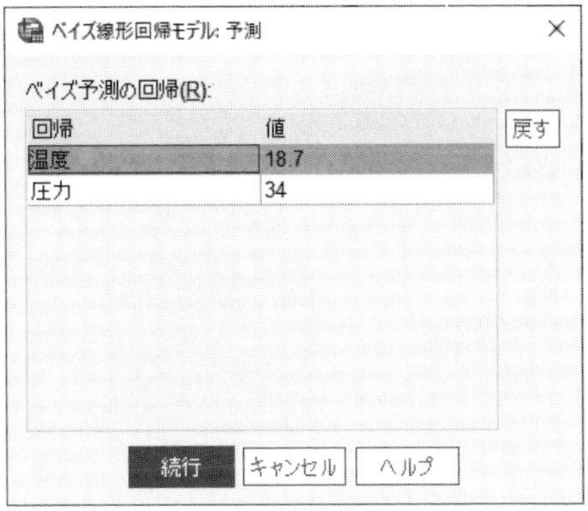

ベイズ線形回帰モデル: 予測　　　　　　　　　　　×

ベイズ予測の回帰(R):

回帰	値	戻す
温度	18.7	
圧力	34	

$\boxed{続行}$ $\boxed{キャンセル}$ $\boxed{ヘルプ}$

$\boxed{保存}$ の画面は，次のようになっています

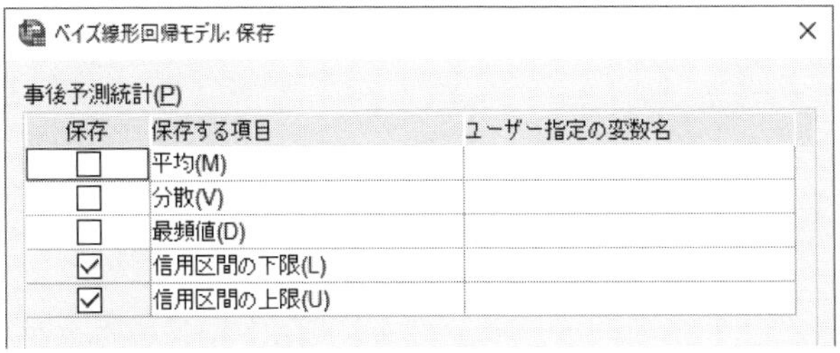

ベイズ線形回帰モデル: 保存　　　　　　　　　　　×

事後予測統計(P)

保存	保存する項目	ユーザー指定の変数名
☐	平均(M)	
☐	分散(V)	
☐	最頻値(D)	
☑	信用区間の下限(L)	
☑	信用区間の上限(U)	

この計算結果はデータビューに出力されます

手順④ 次の事前確率分布の画面になったら

- 事前確率分布

  - ⊙ 共役事前確率(O)

を選択します.

続いて,

- 誤差の分散の事前確認
- 回帰パラメータの平均値

のところは, 次のように入力して, | 続行 |.

共役事前確率の値は
p.193 を見てください

手順2の画面にもどったら

あとは, | OK | ボタンをマウスでカチッ!!

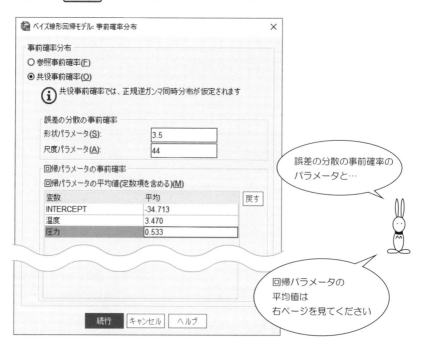

ベイズ線形回帰モデル: 事前確率分布　　　　　　　×

事前確率分布

○ 参照事前確率(F)
⊙ 共役事前確率(O)

ⓘ 共役事前確率では、正規逆ガンマ同時分布が仮定されます

誤差の分散の事前確率

形状パラメータ(S):　3.5
尺度パラメータ(A):　44

回帰パラメータの事前確率

回帰パラメータの平均値(定数項を含める)(M)

変数	平均	
INTERCEPT	-34.713	戻す
温度	3.470	
圧力	0.533	

誤差の分散の事前確率の
パラメータと…

回帰パラメータの
平均値は
右ページを見てください

続行　キャンセル　ヘルプ

● 誤差の分散の事前確率について

　　事前の情報がないときの事後分布の誤差分散は

　　次のようになっているので…

誤差分散のベイズ推定値[a]

パラメータ	事後分布			95% 信用区間	
	最頻値	平均値	分散	下限	上限
誤差分散	9.765	17.577	205.964	5.488	52.007

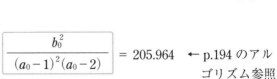

この出力は
p.188 にあります

$$\frac{b_0}{a_0-1} = 17.577 \qquad \frac{b_0^2}{(a_0-1)^2(a_0-2)} = 205.964 \quad \leftarrow \text{p.194 のアル}$$
ゴリズム参照

$b_0 = 43.9$
ですが…

を解いて,

$$a_0 = 3.5 \qquad b_0 = 44$$

とします.

● 回帰パラメータの平均値について

　　事前の情報が無いときの事後分布の偏回帰係数は

　　次のようになっているので, この係数を入力します.

係数のベイズ推定値[a,b,c]

パラメータ	事後分布			95% 信用区間	
	最頻値	平均値	分散	下限	上限
(定数項)	-34.713	-34.713	395.805	-74.472	5.046
温度	3.470	3.470	1.659	.896	6.044
圧力	.533	.533	.052	.077	.989

p.188 に
解説があります

【SPSS による出力】 —事後分布の評価（事前確率分布を利用する場合）—

係数のベイズ推定値[a,b,c]

パラメータ	事後分布			95% 信用区間	
	最頻値	平均値	分散	下限	上限
(定数項)	-34.713	-34.713	11.187	-41.342	-28.085
温度	3.470	3.470	.144	2.717	4.222
圧力	.533	.533	.031	.183	.883

← ①②

a. 従属変数：配向度
b. モデル：(定数項), 温度, 圧力
c. 共役事前確率を仮定します。

誤差分散のベイズ推定値[a]

パラメータ	事後分布			95% 信用区間	
	最頻値	平均値	分散	下限	上限
誤差分散	9.257	11.726	21.152	5.826	23.252

a. 共役事前確率を仮定します。

予測応答のベイズ推定値[a]

パラメータ	事後分布			95% 信用区間	
	最頻値	平均値	分散	下限	上限
予測値(P)[b]	48.29	48.29	13.008	41.15	55.44

← ③

a. 共役事前確率を仮定します。
b. 温度 = 18.7, 圧力 = 34

Using Conjugate Priors

We place a conjugate prior by assuming that

- $\sigma^2 \sim$ Inverse-Gamma (a_0, b_0)
- $\theta \mid \sigma^2 \sim$ Normal $(\theta_0, \sigma^2 V_0)$

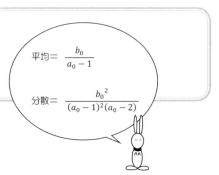

$$平均 = \frac{b_0}{a_0 - 1}$$

$$分散 = \frac{b_0{}^2}{(a_0 - 1)^2 (a_0 - 2)}$$

【出力結果の読み取り方】

➡ ① 事後分布の重回帰式

  ● 配向度 $= -34.713 + 3.470 \times$ 温度 $+ 0.533 \times$ 圧力

➡ ② 95％信用区間

  ● 温度 について

$$2.717 \leq \beta_1 \leq 4.222$$

信用区間に 0 が含まれていないので

帰無仮説 $\mathrm{H}_0 : \beta_1 = $ 0

は棄却されます.

温度は配向度に
影響を与えています

  ● 圧力 について

$$0.183 \leq \beta_2 \leq 0.883$$

信用区間に 0 が含まれていないので

帰無仮説 $\mathrm{H}_0 : \beta_2 = $ 0

は棄却されます.

圧力は
配向度の予測に
役立ちます

➡ ③ 事後分布の従属変数の予測値

温度 $= 18.7$, 圧力 $= 34$ のとき

配向度 の予測値 $= 48.29$

となります.

予測値の95％信用区間は

下 限　　　　　　　上 限
$$41.15 \leq 予測値 \leq 55.44$$

となります.

9.1 データの型とデータの入力

SPSS の分析メニューから

ベイズ統計　➡　一元配置分散分析

を選択すると，右ページのように

● パラメータの推定

● モデルの比較

をすることができます．

xij は
数値データです

【データの型】

データの型は，次のようになります．

表 9.1.1　データの型 ― パターン③ ―

グループ A_1

No	変数 x
1	x_{11}
2	x_{12}
⋮	⋮
N_1	x_{1N_1}

↑
母平均 μ_1

グループ A_2

No	変数 x
1	x_{21}
2	x_{22}
⋮	⋮
N_2	x_{2N_2}

↑
母平均 μ_2

グループ A_3

No	変数 x
1	x_{31}
2	x_{32}
⋮	⋮
N_3	x_{3N_3}

↑
母平均 μ_3

【SPSS の出力】

● パラメータの推定

次のように，パラメータの区間推定をします．

係数のベイズ推定値[a,b,c]

パラメータ	最頻値	事後分布 平均値	分散	95% 信用区間 下限	上限
発生ステージ = ステージ51	16.400	16.400	4.645	12.105	20.695
発生ステージ = ステージ55	19.100	19.100	4.645	14.805	23.395
発生ステージ = ステージ57	22.200	22.200	4.645	17.905	26.495
発生ステージ = ステージ59	30.100	30.100	4.645	25.805	34.395
発生ステージ = ステージ61	22.700	22.700	4.645	18.405	26.995

c. 標準的な参照事前確率を仮定します．

p.209 に
解説があります

● モデルの比較

次のベイズ因子で，2つのモデルの比較をします．

分散分析

細胞分裂	平方和	自由度	平均平方	F	有意	ベイズ因子[a]
グループ間	317.580	4	79.395	7.122	.006	9.074
グループ内	111.480	10	11.148			
総合計	429.060	14				

a. ベイズ因子：JZS

p.205 に
解説があります

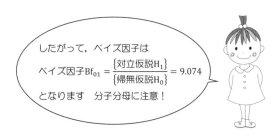

したがって，ベイズ因子は

$$\text{ベイズ因子Bf}_{01} = \frac{\{\text{対立仮説} H_1\}}{\{\text{帰無仮説} H_0\}} = 9.074$$

となります　分子分母に注意！

【データ】

次のデータは，オタマジャクシの細胞分裂についての実験結果です．

5つの発生ステージにおける細胞分裂の割合に差があるのでしょうか？

表 9.1.2　データ

ステージ 51

No	細胞分裂
1	12.2
2	18.8
3	18.2

ステージ 55

No	細胞分裂
1	22.2
2	20.5
3	14.6

ステージ 57

No	細胞分裂
1	20.8
2	19.5
3	26.3

ステージ 59

No	細胞分裂
1	26.4
2	32.6
3	31.3

ステージ 61

No	細胞分裂
1	24.5
2	21.2
3	22.4

このデータは
『入門はじめての分散分析』
2章と同じです

【分析の内容】

● パラメータの推定

各ステージにおける細胞分裂の割合を

確率95%で区間推定します　　　　　　　← 　下限 　≦ 　母平均 μ_i 　≦ 　上限

● モデルの比較

次の2つのモデルを比較します．

モデル $\boldsymbol{M}_1$ … 対立仮説 H_1：5つのステージ間に差がある

モデル $\boldsymbol{M}_0$ … 帰無仮説 H_0：5つのステージ間に差はない

【SPSS のデータ入力】

次のようにデータを入力します.

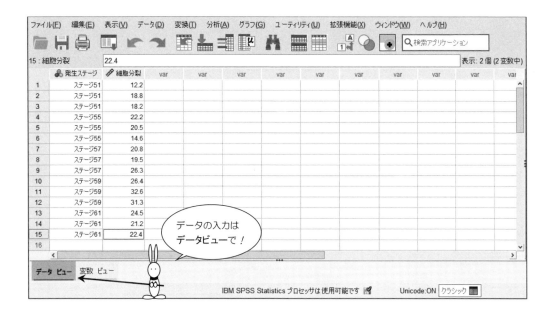

変数ビューは，次のようになっています.

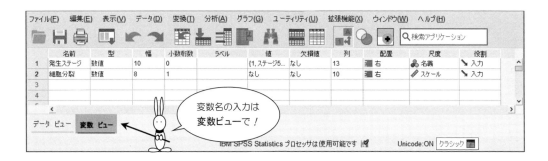

【統計処理の手順】

手順 ① 分析のメニューから

ベイズ統計(Y) ➡ 一元配置分散分析(W)

を選択します.

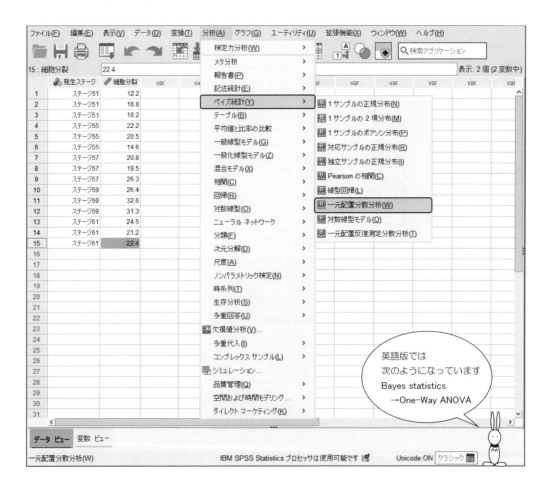

手順 2 次の一元配置分散分析の画面になったら

　　　　　細胞分裂　　　を　従属変数(D)　　の中へ移動

　　　　　発生ステージ　を　因子(E)　　　　　の中へ移動

　　　続いて，ベイズ分析のところで

　　　　　　⦿ ベイズ因子の推定(E)

　　　を選択します．

　　　　次に，ベイズ因子(Y)　をクリック

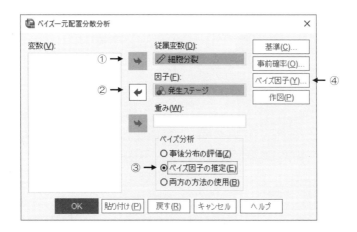

【分析の内容】 ―モデルの比較―

　　次の2つのモデルを比較します．

　　　　モデル $\boldsymbol{M}_1$　…　対立仮説 H_1：5つのグループ間に差がある

　　　　モデル $\boldsymbol{M}_0$　…　帰無仮説 H_0：5つのグループ間に差はない

母平均 μ_1　母平均 μ_2　母平均 μ_3　母平均 μ_4　母平均 μ_5

手順❸ 次のベイズ因子の画面になったら

      ◉ JZS 法（J）

を確認して，このまま 続行 ．

手順 2 の画面にもどったら

あとは， OK ボタンをマウスでカチッ*!!*

ベイズ一元配置分散分析: ベイズ因子　　　　　　×

計算

◉ JZS 法(J)　　　　　　　○ 超事前分布法(H)
　　　　　　⑤　　　　　　　形状パラメータ(S): 3

○ ゼルナー法(Z)　　　　　○ Rouder 法(R)
　g 事前分布の値(P):　　　尺度パラメータ(A): 1

続行　キャンセル　ヘルプ

ここは
Δ^s_{01} ではなく
Δ^s_{10} です

Zellner-Siow's Method

Zellner and Siow proposed a Cauchy prior ［Zellner and Siow, 1980］, and can be represented as a mixture of priors with an Inverse-Gamma$(1/2, N/2)$ prior on g : Under these settings, the Bayes factor suggested by Zellner and Siow between M_1 and M_0 is

$$\Delta^s_{10} = \int_0^\infty (1+g)^{(N-k)/2} \left[1 + g(1-R^2)\right]^{-(N-1)/2} \left(\frac{\sqrt{N/2}}{\Gamma(1/2)} g^{-3/2} e^{-N/(2g)} \right) dg \tag{7}$$

where $\Gamma(1/2) = \sqrt{\pi}$, and R^2 is defined the same as in the ˝Zellner's Method˝ section

ところで…

【いろいろなベイズ因子の計算式】

- ゼルナー法　Zellner's Method

$$\Delta_{10}^{z} = (1+g)^{(N-k)/2} \left[1 + g(1-R^2) \right]^{-(N-1)/2}$$

- 超事前分布法　Hyper-g Method

$$\Delta_{10}^{h}(a) = \frac{a-2}{2} \int_0^\infty (1+g)^{(N-k-a)/2} \left[1 + g(1-R^2) \right]^{-(N-1)/2} dg$$

- Rouder 法　Rouder's Method

$$\Delta_{10}^{r}(s) = \int_0^\infty (1+g)^{(N-k)/2} \left[1 + g(1-R^2) \right]^{-(N-1)/2} \left(\frac{s\sqrt{N/2}}{\Gamma(1/2)} \, g^{-3/2} \, e^{-Ns^2/(2g)} \right) dg$$

詳しくは
SPSS の Algorithm を
参照してください

Using Conjugate Prior

We place a conjugate prior by assuming that

- $\sigma^2 \sim$ Inverse-Gamma(a_0, b_0)

- $\beta \mid \sigma^2 \sim$ Normal$(\beta_0, \sigma^2 V_0)$

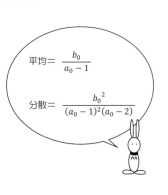

平均 $= \dfrac{b_0}{a_0 - 1}$

分散 $= \dfrac{b_0{}^2}{(a_0 - 1)^2(a_0 - 2)}$

【SPSS による出力】 ― ベイズ因子の推定 ―

分散分析

細胞分裂	平方和	自由度	平均平方	F	有意	ベイズ因子[a]
グループ間	317.580	4	79.395	7.122	.006	9.074
グループ内	111.480	10	11.148			
総合計	429.060	14				

a. ベイズ因子: JZS

 ①

 ②

● 超事前分布法によるベイズ因子

分散分析

細胞分裂	平方和	自由度	平均平方	F	有意	ベイズ因子[a]
グループ間	317.580	4	79.395	7.122	.006	9.642

● Zellner 法によるベイズ因子

分散分析

細胞分裂	平方和	自由度	平均平方	F	有意	ベイズ因子[a]
グループ間	317.580	4	79.395	7.122	.006	6.353

● Rouder 法によるベイズ因子

分散分析

細胞分裂	平方和	自由度	平均平方	F	有意	ベイズ因子[a]
グループ間	317.580	4	79.395	7.122	.006	9.074

【出力結果の読み取り方】

◀ ① ベイズ因子の説明

JZS 法でベイズ因子を求めています.

◀ ② ベイズ因子の値

モデル M_1 … 対立仮説 $H_1 : y = 1_n \cdot \alpha + X \cdot \beta + \varepsilon$

モデル M_0 … 帰無仮説 $H_0 : y = 1_n \cdot \alpha + \varepsilon$

● $\Delta_{10}^s = \dfrac{|\text{対立仮説 } H_1|}{|\text{帰無仮説 } H_0|} = 9.074 > \boxed{1}$

・は
行列のかけ算です

ベイズ因子の評価は
p.18 を
参照してください

なので,対立仮説 H_1 を支持しています.

したがって,

5つのステージ間に差がある

となります.

● Mathematica による計算

ベイズ因子(一元配置分散分析　JZS 法)

$n := 15;$

$r := 1 - \dfrac{111.48}{429.06};$

$k := 5;$

$\text{NIntegrate}\left[(1+g)^{\frac{n-k}{2}} * (1 + g * (1 - r))^{-\frac{n-1}{2}} \left(\dfrac{\sqrt{n/2}}{\sqrt{\pi}} g^{-1.5} * \mathrm{e}^{-\frac{n}{2*g}}\right), \{g, 0, \text{Infinity}\}\right]$

$= 9.07354$

【統計処理の手順】 —p.200 **手順 ①** の続き—

手順 ② 次の ベイズ一元配置分散分析 の画面になったら

細胞分裂 　　を 　従属変数(D) 　の中へ移動

発生ステージ 　を 　因子(F) 　　　の中へ移動

続いて，

● ベイズ分析 のところは

⊙ 事後分布の評価(Z)

を選択します．

次に，事前確率(O) をクリック．

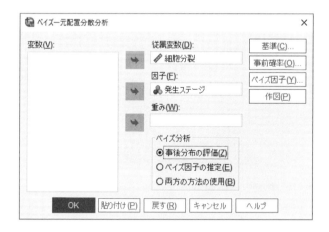

【分析の内容】 —パラメータの推定—

次のパラメータの区間推定をします．

各ステージの平均細胞分裂割合 μ_i $(i = 1, 2, 3, 4, 5)$ の下限と上限

手順 3 次の 事前確率 の画面になったら

- 事前確率分布のところで

  ⦿ 参照事前確率（F）

  を確認して，このまま 続行 .

手順2の画面にもどったら

あとは， OK ボタンをマウスでカチッ!!

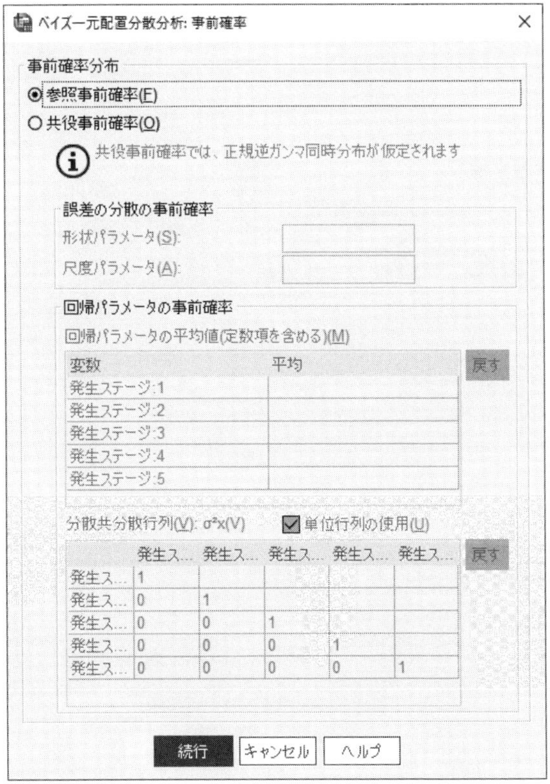

【SPSS による出力】 ―事後分布の評価（事前の情報がない場合）―

係数のベイズ推定値[a,b,c]

パラメータ	事後分布			95% 信用区間	
	最頻値	平均値	分散	下限	上限
発生ステージ = ステージ51	16.400	16.400	4.645	12.105	20.695
発生ステージ = ステージ55	19.100	19.100	4.645	14.805	23.395
発生ステージ = ステージ57	22.200	22.200	4.645	17.905	26.495	← ①
発生ステージ = ステージ59	30.100	30.100	4.645	25.805	34.395
発生ステージ = ステージ61	22.700	22.700	4.645	18.405	26.995

a. 従属変数：細胞分裂

b. モデル: 発生ステージ

c. 標準的な参照事前確率を仮定します。

誤差分散のベイズ推定値[a]

パラメータ	事後分布			95% 信用区間	
	最頻値	平均値	分散	下限	上限
誤差分散	9.290	13.935	64.728	5.443	34.334

a. 標準的な参照事前確率を仮定します。

【出力結果の読み取り方】

← ① 95％信用区間

5つのステージの区間推定は，次のようになります．

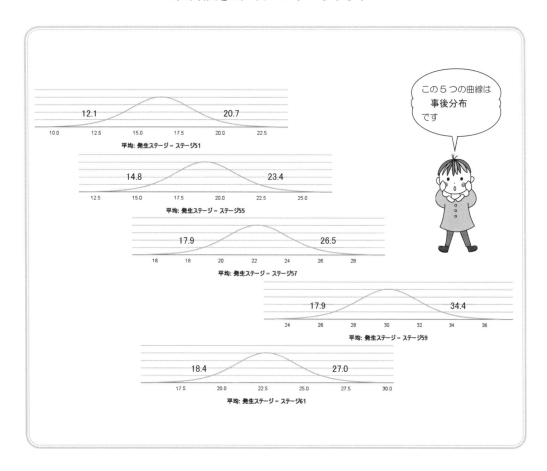

したがって，ステージ間に差がある組合せは

{ ステージ 51 と ステージ 59 }

{ ステージ 55 と ステージ 59 }

の2組となります．

【統計処理の手順】 ―p.206 手順 ② の続き―

手順 ③ 次の 事前確率 の画面になったら

● 事前確率分布

⊙ 共役事前確率(O)

を選択します．続いて，

● 誤差の分散の事前確率のパラメータ

● 回帰パラメータの平均値

は，次のように入力して，[続行].

手順 2 の画面にもどったら，

あとは，[OK] ボタンをマウスでカチッ!!

共役事前確率の値は
p.211 を
見てください

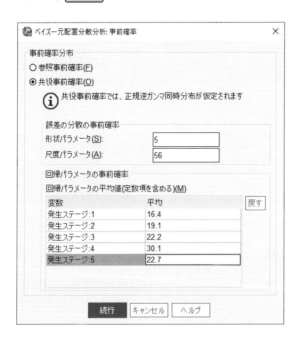

- 誤差の分散の事前確率について

  事前の情報がないときの事後分布の誤差分散は

  次のようになっているので

誤差分散のベイズ推定値[a]

パラメータ	事後分布			95% 信用区間	
	最頻値	平均値	分散	下限	上限
誤差分散	9.290	13.935	64.728	5.443	34.334

a. 標準的な参照事前確率を仮定します。

$$\frac{b_0}{a_0 - 1} = 13.935 \qquad \frac{b_0^2}{(a_0 - 1)^2 (a_0 - 2)} = 64.728 \qquad \leftarrow \text{p.203}$$

を解いて,

$$a_0 = 5 \qquad b_0 = 56$$

とします.

$b_0 = 55.7$
だけど…

- 回帰パラメータの平均値について

  p.208 の係数のベイズ推定値の平均値を入力します.

【SPSS による出力】 ―事後分布の評価（事前確率分布を利用する場合）―

係数のベイズ推定値[a,b,c]

パラメータ	最頻値	平均値	分散	下限	上限
		事後分布		95% 信用区間	
発生ステージ＝ステージ51	16.400	16.400	2.429	13.321	19.479
発生ステージ＝ステージ55	19.100	19.100	2.429	16.021	22.179
発生ステージ＝ステージ57	22.200	22.200	2.429	19.121	25.279
発生ステージ＝ステージ59	30.100	30.100	2.429	27.021	33.179
発生ステージ＝ステージ61	22.700	22.700	2.429	19.621	25.779

← ①

a. 従属変数：細胞分裂

b. モデル: 発生ステージ

c. 共役事前確率を仮定します。

誤差分散のベイズ推定値[a]

パラメータ	最頻値	平均値	分散	下限	上限
		事後分布		95% 信用区間	
誤差分散	8.277	9.717	8.992	5.498	17.034

a. 共役事前確率を仮定します。

【出力結果の読み取り方】

← ① 95％信用区間

5つのステージの区間推定は，次のようになっています．

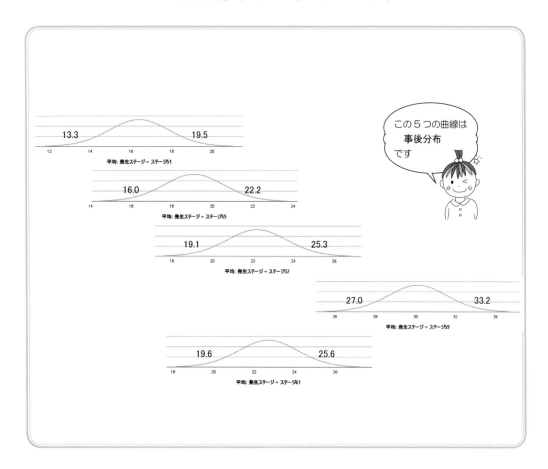

したがって，ステージ間に差がある組合せは

{ ステージ 51 と ステージ 59 } { ステージ 57 と ステージ 59 }

{ ステージ 55 と ステージ 59 } { ステージ 61 と ステージ 59 }

の4組となります．

第10章 対数線型モデル

10.1 データの型とデータの入力

　SPSS の分析メニューから

　　　　ベイズ統計　➡　対数線型モデル

を選択すると,

次のデータの型について, 右ページのように

　　　　●パラメータの推定

　　　　●モデルの比較

をすることができます.

【データの型】

　データの型は, 次のようになります.

表 10.1.1　データの型 — パターン⑭ —

A ＼ B	B_1	B_2	B_3	B_4
A_1	m_{11}	m_{12}	m_{13}	m_{14}
A_2	m_{21}	m_{22}	m_{23}	m_{24}
A_3	m_{31}	m_{32}	m_{33}	m_{34}

←属性 B
カテゴリ
B_1, B_2
B_3, B_4

↑
属性 A
カテゴリ A_1, A_2, A_3

m_{ij}は
データの個数です

【SPSS の出力】

● パラメータの推定

次のように，パラメータの区間推定をします．

シミュレートした交互作用の事後分布評価[a,b]

交互作用	事後分布			95% 同時信用区間		
	中央値	平均値	分散	下限	上限	0 を含むかどうか
日本, A型	-.595	-.596	.061	-1.183	-.002	いいえ
日本, B型	.167	.165	.075	-.494	.826	はい
日本, O型	-.638	-.638	.063	-1.251	-.040	いいえ

a. 分析で独立多項式モデルを仮定します．
b. シード: 1248774681. シミュレートされた事後分布サンプルの数: 10000.

p.231 に解説があります

● モデルの比較

次のベイズ因子で，2つのモデルの比較をします．

独立性の検定[a]

	値	自由度	漸近有意確率 (両側)
ベイズ因子	.003[b]		
Pearson のカイ 2 乗	25.713[c]	3	.000
尤度比	25.509	3	.000

a. 分割表では行合計が固定されています．

p.223 に解説があります

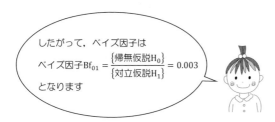

したがって，ベイズ因子は

$$\text{ベイズ因子 Bf}_{01} = \frac{\{\text{帰無仮説} H_0\}}{\{\text{対立仮説} H_1\}} = 0.003$$

となります

【データ】

　次のデータは，日本人450人とフランス人600人についておこなった，血液型のアンケート調査の結果です．

　国と血液型の間に関連はあるのでしょうか？

表 10.1.2　データ

国名 ＼ 血液型	A 型	B 型	O 型	AB 型	合計
日本	171 人	99 人	138 人	42 人	450 人
フランス	267 人	72 人	225 人	36 人	600 人
合計	438 人	171 人	363 人	78 人	1050 人

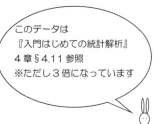

このデータは
『入門はじめての統計解析』
4章 §4.11 参照
※ただし3倍になっています

【分析の内容】

● パラメータの推定

　　カテゴリとカテゴリの交互作用を

　　確率95%で区間推定をします．

● モデルの比較

　　次の2つのモデルを比較します．

　　　　モデル M_0　…　帰無仮説 H_0：国と血液型は関連がない

　　　　モデル M_1　…　対立仮説 H_1：国と血液型は関連がある

この帰無仮説については
p.233 の Algorithms を
参照してください

【SPSS のデータ入力】

次のようにデータを入力します.

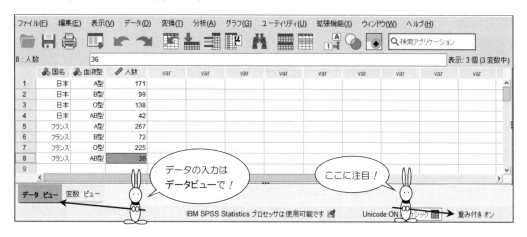

変数ビューは，次のようになっています.

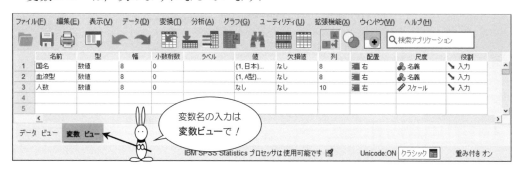

データの重み付け（ケースの重み付け）は，次のようになります.

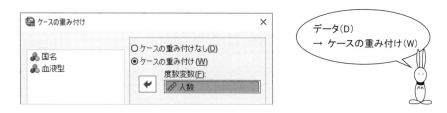

【統計処理の手順】

手順 ① 分析のメニューから

ベイズ統計(Y) ➡ 対数線型モデル(O)

を選択します.

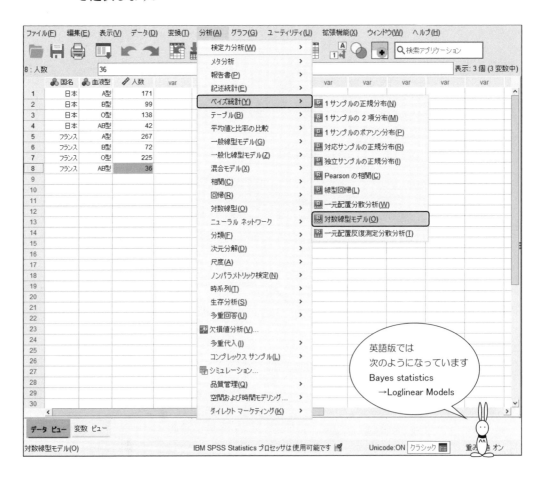

手順② 次の対数線型回帰モデルの画面になったら

国名 を 行変数(R) の中へ移動

血液型 を 列変数(M) の中へ移動

● ベイズ分析のところは

⊙ ベイズ因子の推定(E)

を選択します.

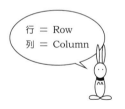

行 ＝ Row
列 ＝ Column

次に, ベイズ因子(Y) をクリック

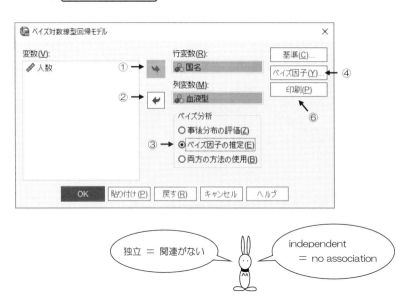

独立 ＝ 関連がない

independent
＝ no association

【分析の内容】 ―モデルの比較―

次の2つのモデルを比較します.

モデル $\boldsymbol{M}_0$ … 帰無仮説 H_0：行（国）と列（血液型）は独立である

モデル $\boldsymbol{M}_1$ … 対立仮説 H_1：行（国）と列（血液型）は関連がある

手順 3 次のベイズ因子の画面になったら

　　　　　多項式モデル(M) のところの

　　　　　　固定マージン

　　　　　　⊙ 行合計(R)

　　　　を選択したら，そのまま 続行 .

手順2の画面にもどったら

印刷(P) をクリックします.

Margin
＝周辺

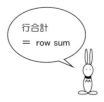

行合計
＝ row sum

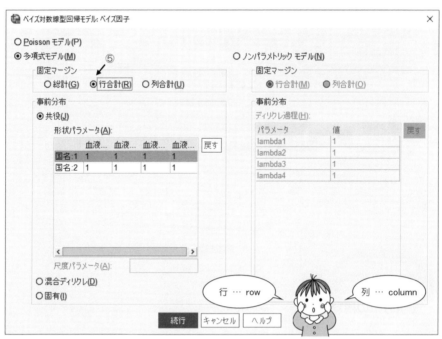

手順④ 次の印刷の画面になったら

<table>
<tr><td>総計</td><td>度数</td></tr>
<tr><td>□カイ２乗（Q）</td><td>□観測（B）</td></tr>
<tr><td>□尤度比（R）</td><td>□期待（E）</td></tr>
<tr><td>パーセンテージ</td><td></td></tr>
<tr><td>□行（O）</td><td></td></tr>
<tr><td>□列（M）</td><td></td></tr>
</table>

にチェックをして, 続行 .

手順２の画面にもどったら

あとは, OK ボタンをマウスでカチッ!!

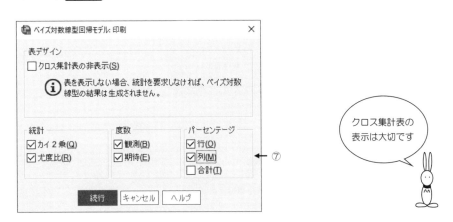

クロス集計表の
表示は大切です

クロス表

			A型	B型	O型	AB型	総合計
			血液型				
国名	日本	度数	171	99	138	42	450
		期待度数	187.7	73.3	155.6	33.4	450.0
		国名 内での割合 (%)	38.0%	22.0%	30.7%	9.3%	100.0%
		血液型 内での割合 (%)	39.0%	57.9%	38.0%	53.8%	42.9%
	フランス	度数	267	72	225	36	600
		期待度数	250.3	97.7	207.4	44.6	600.0
		国名 内での割合 (%)	44.5%	12.0%	37.5%	6.0%	100.0%
		血液型 内での割合 (%)	61.0%	42.1%	62.0%	46.2%	57.1%
総合計		度数	438	171	363	78	1050
		期待度数	438.0	171.0	363.0	78.0	1050.0
		国名 内での割合 (%)	41.7%	16.3%	34.6%	7.4%	100.0%
		血液型 内での割合 (%)	100.0%	100.0%	100.0%	100.0%	100.0%

独立性の検定[a]

	値	自由度	漸近有意確率 (両側)	
ベイズ因子	.003[b]			← ②
Pearson のカイ 2 乗	25.713[c]	3	.000	
尤度比	25.509	3	.000	

a. 分割表では**行合計が固定**されています。

b. この分析では、独立性とアソシエーションを検定し、モデル 多項
と事前確率共役 を仮定します。　← ①

c. 0 セル (0.0%) は期待度数が 5 未満です。最小期待度数は
33.429 です。

アソシエーション
＝Association
＝関連

行合計が固定
されています

【出力結果の読み取り方】

➡ ① ベイズ因子の説明

独立性 対 アソシエーション（関連） なので

$$\text{ベイズ因子 BF}_{01} = \frac{\{\text{帰無仮説 H}_0：\text{独立である}\}}{\{\text{対立仮説 H}_1：\text{関連がある}\}}$$

となります.

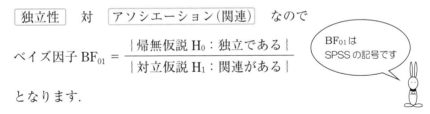

BF_{01} は
SPSS の記号です

➡ ② ベイズ因子の値

● $\text{BF}_{01} = 0.003 < 1$ なので

対立仮説 H$_1$ を支持しています.

つまり,

日本とフランスで血液型の比が異なる

ことがわかります.

ベイズ因子の評価は
p.18 を
参照してください

詳しくは, SPSS の Algorithms を
参照してください

Independent Multinomial Sampling Models

The Bayes factor for independence under the independent Multinomial sampling models when the row margins are fixed is

$$\text{BF}_{01} = \frac{\text{B}(y_{.*} + \xi_{.*})}{\text{B}(\xi_{.*})} \frac{\text{B}(y_{*.} + a_{*.})}{\text{B}(a_{*.})} \frac{\text{B}(\vec{a})}{\text{B}(\vec{y} + \vec{a})} \tag{6}$$

where a_{rs} is specified by users. Note that $a_{rs} = 1$ is the setting by default. Note that when the column margins are fixed, Equation (6) changes to

$$\text{BF}_{01} = \frac{\text{B}(y_{*.} + \xi_{*.})}{\text{B}(\xi_{*.})} \frac{\text{B}(y_{.*} + a_{.*})}{\text{B}(a_{.*})} \frac{\text{B}(\vec{a})}{\text{B}(\vec{y} + \vec{a})} \tag{7}$$

【固定マージンの総計・行合計・列合計について】

次のような 2 行 × 4 列のクロス集計表に対して

表 10.2.1 2×4 クロス集計表

	B_1	B_2	B_3	B_3
A_1	π_{11}	π_{12}	π_{13}	π_{14}
A_2	π_{21}	π_{22}	π_{23}	π_{24}

- 総計（Grand Total）は……

$$
\begin{aligned}
\pi_{11} + \pi_{12} + \pi_{13} + \pi_{14} \\
+ \pi_{21} + \pi_{22} + \pi_{23} + \pi_{24}
\end{aligned} = \text{fixed}
$$

- 行合計（Row Sum）は……

$$\pi_{11} + \pi_{12} + \pi_{13} + \pi_{14} = \text{fixed}$$

$$\pi_{21} + \pi_{22} + \pi_{23} + \pi_{24} = \text{fixed}$$

- 列合計（Column Sum）は……

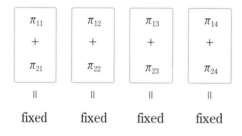

$$
\begin{array}{cccc}
\pi_{11} & \pi_{12} & \pi_{13} & \pi_{14} \\
+ & + & + & + \\
\pi_{21} & \pi_{22} & \pi_{23} & \pi_{24} \\
\| & \| & \| & \| \\
\text{fixed} & \text{fixed} & \text{fixed} & \text{fixed}
\end{array}
$$

p.233 の
アルゴリズムを
参照してください

● 総計（G）を選択した場合の出力

独立性の検定[a]

	値	自由度	漸近有意確率 (両側)
ベイズ因子	.002[b]		
Pearson のカイ 2 乗	25.713[c]	3	.000
尤度比	25.509	3	.000

a. 分割表では総合計が固定されています。

● 列合計（U）を選択した場合の出力

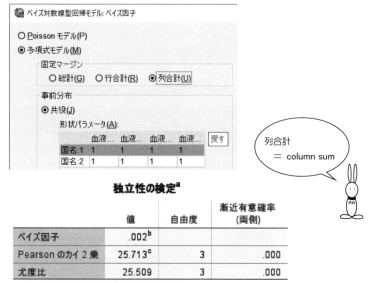

独立性の検定[a]

	値	自由度	漸近有意確率 (両側)
ベイズ因子	.002[b]		
Pearson のカイ 2 乗	25.713[c]	3	.000
尤度比	25.509	3	.000

a. 分割表では列合計が固定されています。

10.3 事後分布の評価

【統計処理の手順】 —p.218 手順①の続き—

手順② 次の画面になったら

国名 　を 　行変数(R) 　の中へ移動

血液型 　を 　列変数(M) 　の中へ移動

● ベイズ分析 のところは

⊙ 事後分布の評価(Z)

を選択します.

次に, 印刷(P) をクリックします.

【分析の内容】 —パラメータの推定—

次のパラメータの区間推定をします.

行と列の交互作用項の下限と上限を求めます.

手順 3 次の印刷画面になったら

　　　　　総計　　　　　　　　度数

　　　　　　□カイ 2 乗(Q)　　　□観測(B)

　　　　　　□尤度比(R)　　　　□期待(E)

　　　　　パーセンテージ

　　　　　　□行(O)

　　　　　　□列(M)

　　　のところにチェックして, 続行 .

手順 2 の画面にもどったら

あとは, OK ボタンをマウスでカチッ!!

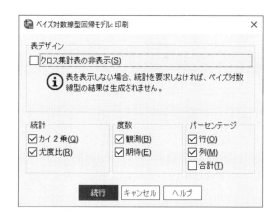

クロス集計表の
表示は大切です

【SPSS による出力 ―その 1 】　―事後分布の評価―

クロス表

			血液型 A型	B型	O型	AB型
国名	日本	度数	171	99	138	42
		期待度数	187.7	73.3	155.6	33.4
		国名 内での割合 (%)	38.0%	22.0%	30.7%	9.3%
		血液型 内での割合 (%)	39.0%	57.9%	38.0%	53.8%
	フランス	度数	267	72	225	36
		期待度数	250.3	97.7	207.4	44.6
		国名 内での割合 (%)	44.5%	12.0%	37.5%	6.0%
		血液型 内での割合 (%)	61.0%	42.1%	62.0%	46.2%

独立性の検定[a]

	値	自由度	漸近有意確率 (両側)	
Pearson のカイ 2 乗	25.713[b]	3	.000	← ①
尤度比	25.509	3	.000	← ②

a. 分割表では総合計が固定されています。

【出力結果の読み取り方 ―その 1 】

← ① Pearson のカイ 2 乗

● 次の独立性の検定をしています.

帰無仮説 H_0：行と列は独立である

対立仮説 H_1：行と列は独立ではない

● 検定統計量 25.713 の有意確率は

有意確率 0.000 ≦ 有意水準 0.05

なので, 帰無仮説 H_0 は棄却されます.

独立性の検定です
p.222 と同じになります

尤度比も p.222 と
同じになります

← ② 尤度比

χ^2_{LR}

$$= 2 \times \left\{ \begin{array}{l} 171 \times \log\left(\dfrac{171}{187.7}\right) + 99 \times \log\left(\dfrac{99}{73.3}\right) + 138 \times \log\left(\dfrac{138}{155.6}\right) + 42 \times \log\left(\dfrac{42}{33.4}\right) \\[4mm] + 267 \times \log\left(\dfrac{267}{250.3}\right) + 72 \times \log\left(\dfrac{72}{97.7}\right) + 225 \times \log\left(\dfrac{225}{207.4}\right) + 36 \times \log\left(\dfrac{36}{44.6}\right) \end{array} \right\}$$

$= 25.509$

$$x^2_{\mathrm{LR}} = \sum 度数 \times \log\left(\dfrac{度数}{期待度数}\right)$$

【SPSS による出力 ―その２】　―事後分布の評価―

シミュレートした交互作用の事後分布評価[a,b]

交互作用	事後分布			95% 同時信用区間		
	中央値	平均値	分散	下限	上限	0 を含むかどうか
日本, A型	-.595	-.596	.061	-1.183	-.002	いいえ
日本, B型	.167	.165	.075	-.494	.826	はい
日本, O型	-.638	-.638	.063	-1.251	-.040	いいえ

← ③

a. 分析で独立多項式モデルを仮定します。

b. シード: 1248774681. シミュレートされた事後分布サンプルの数: 10000。

Bayesian Inference by Constructing Credible Intervals

We consider the model

$$\pi_{rs} = A \exp\{a_j + \beta_k + \gamma_{jk}\} \tag{26}$$

where $j = 1, 2, \cdots, R$, $k = 1, 2, \cdots, S$, and $A^{-1} = \sum_{j=1}^{R} \sum_{k=1}^{S} \exp\{a_j + \beta_k + \gamma_{jk}\}$ with the restrictions $a_R = \beta_S = \gamma_{jR} = \gamma_{Rk} = 0$. To test the independence of two factors is equivalent to make inference on γ_{jk}, where $j = 1, 2, \cdots, R-1$ and $k = 1, 2, \cdots, S-1$.

Inference can be made by checking wether or not each interval contains 0.

詳しくは, SPSS の
Algorithms を
参照してください

【出力結果の読み取り方 —その2】

← ③　行と列の交互作用効果の推定

交差作用の推定は，次の r_{jk} でおこないます.

	A 型	B 型	O 型	AB 型
日本	r_{11}	r_{12}	r_{13}	0
フランス	0	0	0	0

p.230 の Algorithms を参照してください

● 日本・A 型の場合

　　95%同時信用区間に 0 が含まれていないので

　　交互作用が存在しています.

● 日本・B 型の場合

　　95%同時信用区間に 0 が含まれているので

　　交互作用が存在しているとはいえません.

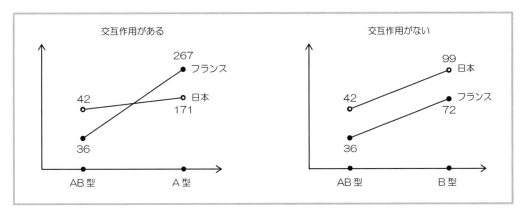

図 10.3.1

【交互作用と独立について】

● A と B は交互作用がない ⇔ A と B は独立である

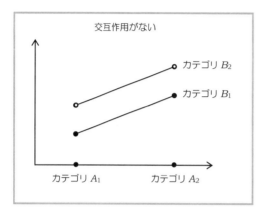
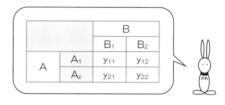

図 10.3.2

● A と B は交互作用がある ⇔ A と B は関連がある

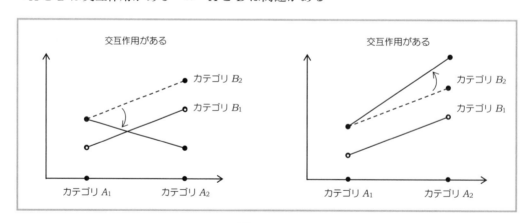

図 10.3.3

General Notations

We desire to test the null hypothesis H_0 : No association between rows and columns versus H_1 : They are associated. The following notations defined in this section will be used for the subsequent sections.

r : $r = 1, 2, \cdots, R$ denoting the non-empty row index, where $R \geq 2$, and R is an integer.

s : $s = 1, 2, \cdots, S$ denoting the non-empty column index, where $S \geq 2$, and S is an integer.

y_{**} :   A matrix containing all of the observed cell counts with

$$y_{**} \equiv \begin{pmatrix} y_{11} & y_{12} & \cdots & y_{1S} \\ y_{21} & y_{22} & \cdots & y_{2S} \\ \vdots & \vdots & \vdots & \vdots \\ y_{R1} & y_{R2} & \cdots & y_{RS} \end{pmatrix} \tag{1}$$

where y_{rs} must be a nonnegative integer.

$\vec{y}$: $\vec{y} = (y_{11}, y_{12}, \cdots, y_{RS})^T$, a vectorized y_{**} containing all of the observed cell counts.

y_{rs} :   Observed count data in the cell on the r-th row and the s-th column of the contingency table. Note that $y_{rs} \geq 0$, and y_{rs} is an integer.

$y_{r.}$: $y_{r.} = \sum_{s=1}^{S} y_{rs}$, the marginal total of the r-th row.

$y_{.s}$: $y_{.s} = \sum_{r=1}^{R} y_{rs}$, the marginal total of the s-th column.

Y : $Y = \sum_{r=1}^{R} \sum_{s=1}^{S} y_{rs}$, the total count of the cells.

$\hat{y}_{rs}$:   Expected count in the cell on the r-th row and the s-th column of the contingency table. $\hat{y}_{rs} = y_{r.} y_{.s}/Y$.

$y_{.*}$: $y_{.*} = (y_{.1}, y_{.2}, \cdots, y_{.S})^T$, a vector containing marginal column sums, where $S \geq 2$.

$y_{*.}$: $y_{*.} = (y_{.1}, y_{.2}, \cdots, y_{R.})^T$, a vector containing marginal row sums, where $R \geq 2$.

第 *11* 章 一元配置反復測定分散分析

11.1 データの型とデータの入力

SPSS の分析メニューから

     ベイズ統計　➡　一元配置反復測定分散分析

を選択すると，右ページのように

      ● パラメータの推定

      ● モデルの比較

をすることができます.

【データの型】

データの型は，次のようになります.

表 11.1.1　データの型 — パターン⑭ —

No	A_1	A_2	A_3	A_4
1	x_{11}	x_{21}	x_{31}	x_{41}
2	x_{12}	x_{22}	x_{32}	x_{42}
⋮	⋮	⋮	⋮	⋮
N	x_{1N}	x_{2N}	x_{3N}	x_{4N}

      ↑　　　↑　　　↑　　　↑
     母平均　母平均　母平均　母平均
     μ_1　　μ_2　　μ_3　　μ_4

xij は
数値データです

【SPSS の出力】

● パラメータの推定

次のように，パラメータの区間推定をします．

グループの平均のベイズ推定値[a]

| 従属変数 | 最頻値 | 事後分布 | | 95% 信用区間 | |
		平均値	分散	下限	上限
投与前	70.00	70.00	25.100	60.18	79.82
投与1分後	90.00	90.00	25.100	80.18	99.82
投与5分後	81.00	81.00	25.100	71.18	90.82
投与10分後	71.00	71.00	25.100	61.18	80.82

a. 事後分布はベイズ中心極限定理に基づいて推定されました。

p.249 に
解説があります

● モデルの比較

次のベイズ因子で，2つのモデルの比較をします．

ベイズ因子および球面性検定

| | ベイズ因子[a] | Mauchly の球面性検定 | | | |
		Mauchly の W[b]	近似カイ 2 乗	自由度	有意
被験者内効果	41905.154	.101	6.246	5	.310

a. 方法: BIC 近似。検定モデル 対 帰無仮説モデル。

p.243 に
解説があります

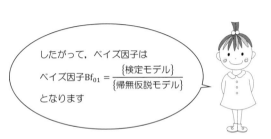

したがって，ベイズ因子は

$$\text{ベイズ因子Bf}_{01} = \frac{\{\text{検定モデル}\}}{\{\text{帰無仮説モデル}\}}$$

となります

【データ】

次のデータは薬物投与における心拍数を，

投与前から，投与 10 分後まで，4 回反復して測定 したものです．

薬物投与によって，心拍数は変化するのでしょうか？

表 11.1.2　データ

被験者	投与前	投与 1 分後	投与 5 分後	投与 10 分後	←4 回反復
A	67	92	87	68	
B	92	112	94	90	
C	58	71	69	62	
D	61	90	83	66	
E	72	85	72	69	

【分析の内容】

● パラメータの推定

　　4 つのグループの心拍数を，それぞれ

　　確率 95％で区間推定をします．

このデータは
『SPSS による統計処理の手順』
8 章と同じです

● モデルの比較

　　次の 2 つのモデルを比較します．

　　　　　モデル $\boldsymbol{M}_1^{\mathrm{b}}$ … 対立仮説 H_1：心拍数は変化する

　　　　　モデル $\boldsymbol{M}_0^{\mathrm{b}}$ … 帰無仮説 H_0：心拍数は変化しない

変化する　⇔ $\mu_1 = \mu_2 = \mu_3 = \mu_4$ ではない

変化しない ⇔ $\mu_1 = \mu_2 = \mu_3 = \mu_4$ である

【SPSS のデータ入力】

次のようにデータを入力します.

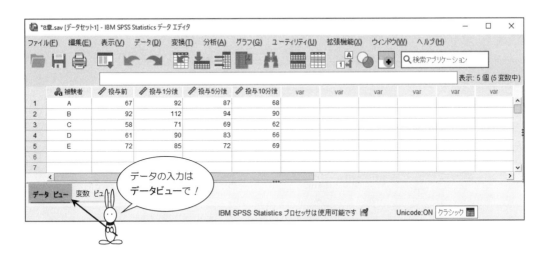

変数ビューは，次のようになっています.

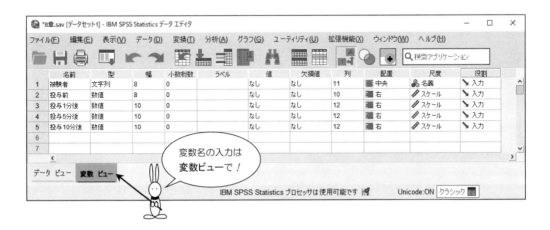

11.2 ベイズ因子の推定

【統計処理の手順】

手順 ① 分析のメニューから

ベイズ統計(Y) ➡ 一元配置反復測定分散分析(T)

を選択します.

手順 2 次の ベイズ一元配置反復測定分散分析 の画面になったら

投与前　投与 1 分後　投与 5 分後　投与 10 分後

を 反復測定(M) の中へ移動

反復測定
＝repeated measures

● ベイズ分析 のところは

⊙ ベイズ因子の推定(E)

を選択します.

次に, ベイズ因子(Y) をクリック.

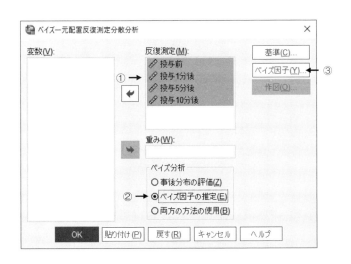

【分析の内容】 ―モデルの比較―

次の 2 つのモデルを比較します.

モデル $\boldsymbol{M}_1^{\mathrm{b}}$ … 検定モデル：少なくとも 1 ヶ所, $\mu_i \neq \mu_j$

モデル $\boldsymbol{M}_0^{\mathrm{b}}$ … 零モデル　：$\mu_1 = \mu_2 = \mu_3 = \mu_4 = \mu$

← p.240 の
Algorithms を参照

手順 3 次の ベイズ因子 の画面になったら

推定方法

⊙ ベイズ情報量基準（BIC）（B）

を選択して，続行．

手順2の画面にもどったら

あとは，OK ボタンをマウスでカチッ !!

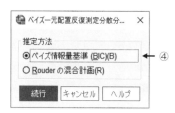

Bayesian Information Criterion Approximation Method

The testing model

$$M_1^b : Y_{ij} = \mu_j + b_i + \varepsilon_{ij} \tag{0.0.2}$$

where $i = 1, 2, \cdots, n$; $j = 1, 2, \cdots, k$; μ_j is the j-th treatment, or within-subject effect; $b_i \overset{iid}{\sim}$ Normal $(0, \sigma_b^2)$, which is the i-th subject effect; and $\varepsilon_{ij} \overset{iid}{\sim}$ Normal $(0, \sigma_\varepsilon^2)$, which denotes the error term. Note that b_i and ε_{ij} are assumed to be independent.

The null model for comparison.

$$M_0^b : Y_{ij} = \mu + b_i + \varepsilon_{ij} \tag{0.0.3}$$

This is equivalent to test $H_0 : \mu_1 = \mu_2 = \cdots = \mu_k = \mu$ versus $H_1 : \mu_j \neq \mu$ for at least one j, where $j = 1, 2, \cdots, k$.

とこ3で…

推定方法 のところで

> ⊙ Rouder の混合計画（R）

を選択すると，次のような出力になります.

ベイズ因子および球面性検定

	ベイズ因子[a]	Mauchly の W[b]	Mauchly の球面性検定		
			近似カイ 2 乗	自由度	有意
被験者内効果	240.754	.101	6.246	5	.310

a. **方法**: Rouder 法。**サンプル数**: 5. **シード**: 1852428961. 検定モデル 対 帰無仮説モデル。

Rouder's Method for Mixed Designs

Bayes factor, suggested by ［Rouder et al., 2012］for a mixed ANOVA design, is

$$B^r_{10} = \frac{BF^r_{10}(g_1, g_2)}{BF^{aux}_{10}(g_2)}$$

ただし，

- モデル $\boldsymbol{M}^{r*}_1$ とモデル $\boldsymbol{M}^r_0$ のベイズ因子

$$BF^r_{10}(g_1, g_2) = \int_0^\infty \int_0^\infty S(g_1, g_2) p(g_1) p(g_2) \, dg_1 \, dg_2$$

- モデル $\boldsymbol{M}^{aux}_1$ とモデル $\boldsymbol{M}^r_0$ のベイズ因子

$$BF^{aux}_{10}(g_2) = \int_0^\infty S(g_2) p(g_2) \, dg_2$$

- モデル $\boldsymbol{M}^r_0 : y = \mu 1 + \varepsilon$
- モデル $\boldsymbol{M}^{r*}_1 : y = \mu 1 + \sigma_\varepsilon (X^* \beta^* + Zb) + \varepsilon$
- モデル $\boldsymbol{M}^{aux}_1 : y = \mu 1 + \sigma_\varepsilon Zb + \varepsilon$

詳しくは
SPSS の Algorithms を
参照してください

【SPSS による出力】 ―ベイズ因子の推定―

被験者内因子レベルの記述統計量

従属変数	平均値	標準偏差	N	最小値	最大値
投与前	70.00	13.435	5	58	92
投与1分後	90.00	14.782	5	71	112
投与5分後	81.00	10.416	5	69	94
投与10分後	71.00	10.954	5	62	90

ベイズ因子および球面性検定

① ↓

③ ↓

	ベイズ因子[a]	Mauchly の W[b]	近似カイ2乗	自由度	有意
		Mauchly の球面性検定			
被験者内効果	41905.154	.101	6.246	5	.310

a. 方法: BIC 近似。検定モデル 対 帰無仮説モデル。 ← ②

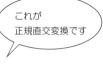

これが
正規直交変換です

	変換された変数		
	Z_1	Z_2	Z_3
投与前	−0.671	0.500	−0.225
1分後	−0.224	−0.500	−0.671
5分後	0.224	−0.500	0.671
10分後	0.671	0.500	0.224

【出力結果の読み取り方】

← ① Mauchly の球面性の検定

　　　　● 正規直交変換によって作られた

　　　　　3 変数 Z_1, Z_2, Z_3 の分散共分散行列を Σ としたとき…

　　　　● 次の仮説の検定をしています.

$$仮説 \; H_0 : \Sigma = \sigma_2 \cdot \begin{bmatrix} 1 & 0 & 0 \\ 0 & 1 & 0 \\ 0 & 0 & 1 \end{bmatrix}$$

正規直交変換は
左ページにあります

・は
行列のかけ算です

← ② ベイズ因子の説明

　　　　$\boxed{\text{検定モデル } M_1^b}$　　対　　$\boxed{\text{帰無仮説モデル } M_0^b}$　なので,

$$ベイズ因子 \; B_{10}^b = \frac{\{\text{検定モデル } M_1^b\}}{\{\text{帰無仮説モデル } M_0^b\}}$$

B_{10}^bは
SPSS の記号です

　　となります.

← ③ ベイズ因子の値

　　　　$$B_{10}^b = 41905.154 > \boxed{1}$$

　　なので,検定モデル M_1^b を支持しています.

　　したがって,

　　　　　薬物投与によって心拍数は変化する

　　ことがわかります.

ベイズ因子の評価は
p.18 を
参照してください

11.3 事後分布の評価

【統計処理の手順】 ―p.238 **手順 ①** の続き――

手順 ② 次のベイズ一元配置反復測定分散分析の画面になったら

投与前　投与 1 分後　投与 5 分後　投与 10 分後

を **反復測定(M)** の中へ移動

● ベイズ分析 のところは

⊙ **事後分布の評価(Z)**

を選択します.

次に, **作図(O)** をクリック.

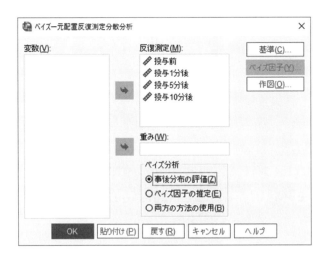

【分析の内容】 ―パラメータの推定―

4 つの母平均 μ_1, μ_2, μ_3, μ_4 の区間推定をおこないます.

手順③ 次の 作図 の画面になったら，

作図 の下の□に，2ヶ所チェックをして，続行 .

手順2の画面にもどったら，

あとは， OK ボタンをマウスでカチッ*!!*

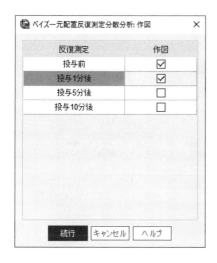

4つの □ 全部を
チェックすると
見づらいグラフに
なります！ →p.246

投与前 と **投与10分後** にチェックを
してみましょう
投与前 　　　　☑
投与1分後 　　　□
投与5分後 　　　□
投与10分後 　　☑ →p.248

【SPSS による出力 ─ その 1】　─事後分布の評価─

被験者内因子レベルの記述統計量

従属変数	平均値	標準偏差	N	最小値	最大値
投与前	70.00	13.435	5	58	92
投与1分後	90.00	14.782	5	71	112
投与5分後	81.00	10.416	5	69	94
投与10分後	71.00	10.954	5	62	90

グループの平均のベイズ推定値[a]

従属変数	事後分布			95% 信用区間	
	最頻値	平均値	分散	下限	上限
投与前	70.00	70.00	25.100	60.18	79.82
投与1分後	90.00	90.00	25.100	80.18	99.82
投与5分後	81.00	81.00	25.100	71.18	90.82
投与10分後	71.00	71.00	25.100	61.18	80.82

← ①

a. 事後分布はベイズ中心極限定理に基づいて推定されました。

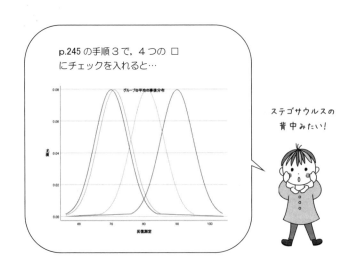

p.245 の手順 3 で，4 つの □
にチェックを入れると…

ステゴサウルスの
背中みたい！

【出力結果の読み取り方 ― その1】

← ① 95％信用区間

4つのグループの区間推定は，次のようになります．

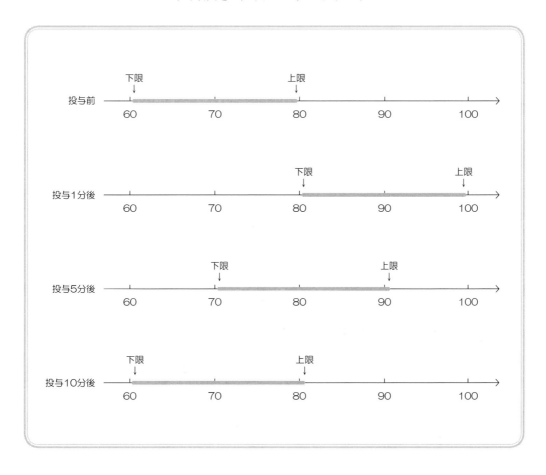

したがって，差のあるグループの組合せは

{ 投与前　投与1分後 }

となります．

【SPSS による出力 ― その 2】

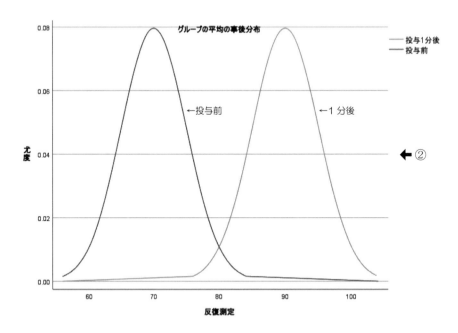

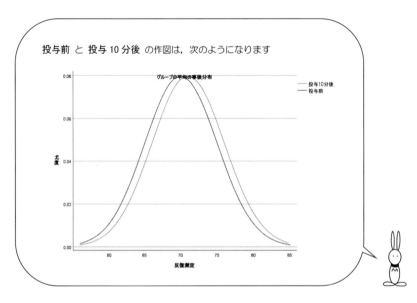

【出力結果の読み取り方 — その2】

← ② 作図をすると…

投与前と投与1分後とでは，心拍数に差がありそうです

投与前と　投与10分後とでは，心拍数に差はなさそうです．

したがって，

薬物投与によって心拍数が多くなり，

10分後には，元にもどっている

と考えられます．

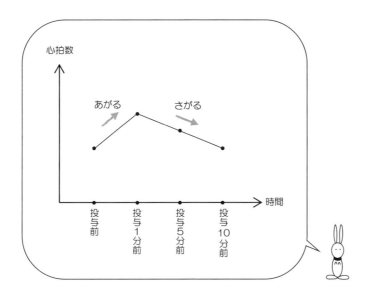

参 考 文 献

［1］『Kendall's Advanced Theory of Statistics 2B: Bayesian Inference (Arnold Publication)』
（Anthony O'Hagan, Jonathan Forster, 2004）

［2］『Bayesian Data Analysis, Third Edition (Chapman & Hall/CRC Texts in Statistical Science)』（Andrew Gelman John B. Carlin Hal S. Stern David B. Dunson Aki Vehtari Donald B. Rubin, 2013）

［3］『ベイズ統計入門』（東京大学出版会，繁桝算男，1985）

［4］『ベイズ統計の理論と方法』（コロナ社，渡辺澄夫，2012）

［5］『計算統計学の方法—ブートストラップ・EM アルゴリズム・MCMC（シリーズ予測と発見の科学5）（朝倉書店，小西貞則他，2008）

◎以下 東京図書刊

［6］『すぐわかる統計用語の基礎知識』（石村貞夫他，2016）

［7］『すぐわかる統計処理の選び方』（石村貞夫他，2010）

［8］『入門はじめての統計解析』（石村貞夫，2006）

［9］『入門はじめての多変量解析』（石村貞夫，2007）

［10］『入門はじめての分散分析と多重比較』（石村貞夫，2008）

［11］『入門はじめての統計的推定と最尤法』（石村貞夫，2010）

［12］『SPSS による統計処理の手順　第9版』（石村貞夫，2021）

［13］『SPSS による多変量データ解析の手順　第6版』（石村貞夫，2021）

［14］『SPSS による分散分析・混合モデル・多重比較』（石村貞夫，2021）

［15］『SPSS でやさしく学ぶ統計解析　第7版』（石村貞夫，2021）

［16］『SPSS でやさしく学ぶ多変量解析　第6版』（石村貞夫，2022）

索　引

著者紹介

石村光資郎
いし　むら　こう　し　ろう

2002 年　慶應義塾大学理工学部数理科学科卒業
2008 年　慶應義塾大学大学院理工学研究科基礎理工学専攻修了
現　在　東洋大学総合情報学部専任講師　博士（理学）

監修

石 村 貞 夫
いし　むら　さだ　お

1977 年　早稲田大学大学院理工学研究科数学専攻修了
現　在　元鶴見大学准教授
　　　　石村統計コンサルタント代表
　　　　理学博士
　　　　統計アナリスト

SPSS によるベイズ統計の手順
エスピーエスエス　　　　　　　　　　　　　　とうけい　てじゅん
© Koshiro Ishimura & Sadao Ishimura, 2023

2023 年 2 月 25 日　第 1 版第 1 刷発行　　　　　Printed in Japan

著　者　石　村　光　資　郎
　　　　石　村　貞　夫
発行所　東京図書株式会社
〒 102 - 0072 東京都千代田区飯田橋 3 - 11 - 19
振替 00140 - 4 - 13803　電話 03（3288）9461
http://www.tokyo-tosho.co.jp

ISBN 978 - 4 - 489 - 02399 - 6

Ⓡ〈日本複製権センター委託出版物〉
◎本書を無断で複写複製（コピー）することは，著作権法上の例外を
　除き，禁じられています．
　本書をコピーされる場合は，事前に日本複製権センター（電話：
　03-3401-2382）の許諾を受けてください．